모든 수를 품는 수
실수

데데킨트가 들려주는 실수 1 이야기

모든 수를 품는 수 실수

ⓒ 오화평, 2008

2판 1쇄 인쇄일 | 2024년 6월 28일
2판 1쇄 발행일 | 2024년 7월 5일

지은이 | 오화평
펴낸이 | 정은영
펴낸곳 | (주)자음과모음

출판등록 | 2001년 11월 28일 제2001-000259호
주소 | 10881 경기도 파주시 회동길 325-20
전화 | 편집부 (02)324-2347, 경영지원부 (02)325-6047
팩스 | 편집부 (02)324-2348, 경영지원부 (02)2648-1311
e-mail | jamoteen@jamobook.com

ISBN 978-89-544-5084-3 (43410)

오화평 지음

데데킨트가
들려주는
실수 1 이야기

모든 수를 품는 수
실수

㈜자음과모음

수학자라는 거인의 어깨 위에서
보다 멀리, 보다 넓게 바라보는
수학의 세계!

수학 교과서는 대개 '결과'로서의 수학을 연역적으로 제시하는 경향이 강하기 때문에 학생들은 수학이 끊임없이 진화해 왔다는 생각을 하기 어렵습니다. 그렇지만 수학의 역사는 하나의 문제가 등장하고 그에 대해 많은 수학자들이 고심하고 이를 해결하는 가운데 새로운 아이디어가 출현해 온 역동적인 과정입니다.

'**모든 수를 품는 수, 실수**'는 수학 주제들의 발생 과정을 수학자들의 목소리를 통해 친근하게 이야기 형식으로 들려주기 때문에 학생들이 수학을 '과거 완료형'이 아닌 '현재 진행형'으로 인식하는 데 도움이 될 것입니다.

학생들이 수학을 어려워하는 이유 중 하나는 '추상성'이 강한 수학적 사고와 '구체성'을 선호하는 학생의 사고 사이에 존재하는 간극이며, 이런 간극을 줄이기 위해서 수학의 추상성을 희석시키고 개념과 원리의 설명에 구체성을 부여하는 것이 필요합니다. 이 책은 수학 교과서의 내용을 생동감 있게 재구성함으로써 추상적인 수학을 구체성을 갖는 수학으로 변모시키고 있습니다. 또한 중간중간에 곁들여진 수학자들의 에피소드는 자칫 무료해지기 쉬운 수학 공부에 윤활유 역할을 해 줄 것입니다.

　이 책의 구성을 보면 우선 수학자의 업적을 개략적으로 소개하고, 6~9개의 강의를 통해 수학 내적 세계와 외적 세계, 교실 안과 밖을 넘나들며 수학의 개념과 원리들을 소개한 후 마지막으로 강의에서 다룬 내용들을 정리합니다.

　이런 책의 흐름을 따라 읽다 보면 각 시리즈가 다루고 있는 주제에 대한 전체적이고 통합적인 이해가 가능하도록 구성되어 있습니다. '모든 수를 품는 수, 실수'는 학교 수학 교과 과정과 긴밀하게 맞물려 있으며, 전체 시리즈를 통해 학교 수학의 많은 내용들을 다룹니다. 예를 들어 수학자가 들려 주는 수학자 이야기 중 라이프니츠가 들려주는 기수법 이야기에서는 수가 만들어진 배경, 원시적인 기수법에서 위치적 기수법으로의 발전 과정, 0의 출현, 라이프니츠의 이진법에 이르기까지를 다루고 있는데, 이는 중학교 수학의 기수법 내용을 충실히 반영합니다. 따라서 '모든 수를 품는 수, 실수'를 학교 수학 공부와 병행하면서 읽는다면 교과서 내용의 소화 흡수를 도울 수 있는 효소 역할을 할 수 있을 것입니다.

홍익대학교 수학교육과 교수 | 《수학 콘서트》 저자 박경미

세상의 진리를 수학으로 꿰뚫어 보는 맛
그 맛을 경험시켜 주는 '실수 1' 이야기

책읽기를 좋아하고 글쓰기에 흥미를 느꼈던 어린아이가 커서 수학교사가 되었습니다. 그리고는 지금까지 수학교사로 아이들을 마주 대하면서 수학이라면 문제를 풀기도 전에 난감해 하고 수학을 그저 싫어하는 학생들이 생각보다 훨씬 많다는 것을 차츰 알게 되었습니다. 그렇게 수학이라면 난색을 표하는 학생들의 심정을 제 나름대로 이해하려 하기도 하고, 그런 학생들에게 익숙해져갈 즈음 이 책을 쓰게 되었습니다.

원래부터 이야기를 좋아하고, 글 쓰는 것을 좋아했습니다. 그래서 딱딱하고 재미없게 느껴지는 수학을 조금이라도 재미있고 흥미로운 이야기로 풀어낼 수 있는 좋은 기회가 되겠다 싶었던 것이 처음 마음이었습니다. 하지만 막상 글을 쓰기 시작하니 처음의 시도처럼 재미있는 수학 이야기를 들려주려는 노력이 쉽지만은 않았습니다. 수학에서 빼려야 뺄 수 없는 '수'에 관한 이야기를 하면서 내용이 어쩔 수 없이 딱딱해진 부분도 생기고, 아직도 여러모로 부족한 제 자신이 책에 녹아들어간 것 같아 겸연쩍기도 하였습니다. 하지만 이 모든 것이 저에게는 결과적으로 귀중한 경험과 또 하나의 도전이 되었습니다.

아무쪼록 제가 처음 의도한 대로, 이 책을 통해 많은 분들이 '수'에 관한 재미있는 수학 이야기를 만나신다면 정말 좋겠지만, 설령 그렇지 못하더라도 이 책이 여러분들에게 수에 관한 좋은 경험과 자극이 될 수 있길 바랄 뿐입니다.

　자, 그럼 여러분, 여러분이 이미 잘 알고 있는 것 같으면서 또 다른 한편으로는 알쏭달쏭 모르는 점도 참 많은 '수'란 존재에 대해 다 같이 여행을 떠나 봅시다. 출발~!

오화평

차례

1 이 책은 달라요

《모든 수를 품는 수, 실수》는 무리수의 발견과 제곱근의 성질, 실수의 분류와 대소비교, 사칙 연산 등을 다양하고 구체적인 예와 더불어 긴 수학 역사 속의 일화를 통해 친숙하게 이야기해 나갑니다. 아이들은 데데킨트 선생님과 함께 수에 대한 지식을 바탕으로 실수라는 수의 큰 그림을 그려 나가게 됩니다. 중학교 3학년 수학 교과 과정에서 배우는 무리수와 실수가 등장하는 이 책을 통해 학생들은 실수에 대한 지식을 되새길 수 있습니다. 실수에 대해 모르고 지나쳤던 부분을 채워 나가기도 할 것이며, 실수에 대해 궁금했던 부분을 아는 좋은 기회가 될 것입니다.

2 이런 점이 좋아요

❶ 우리가 접하고 배우게 되는 여러 가지 수에 대하여 그 특징을 정리하고 그에 따라 수를 분류할 수 있게 됩니다. 그중에서도 특히 무리수에 대하여 자세히 알아봅니다. 수학의 역사를 공부하고 친숙한 도형을 이용하여 수에 대해 다각도로 접근해 보고, 무리수의 특징과 근삿값, 사칙 연산 방법 등을 다양하게 알아봅니다.

❷ 이 책의 주된 내용을 이해하기 위해 중학교 3학년 이전 수업에서 이미 배운 내용들이 각 수업에 언급되었습니다. 초등학생과 중학생에게도 실수와 무리수에 대한 관심과 이해를 높일 수 있는 기회를 제공합니다.

❸ 고등학생은 흥미로운 이야기와 다양한 예를 통하여 이미 배운 실수와 무리수에 대한 지식을 더 튼튼히 쌓을 수 있습니다. 그리고 수학적 흥미를 높이는 기회를 제공합니다.

3 교과 연계표

학년	단원(영역)	관련된 수업 주제 (관련된 교과 내용 또는 소단원 명)
초등 3학년, 4학년, 5학년, 6학년	수와 연산	분수와 소수, 분수, 곱셈과 나눗셈, 분수의 덧셈과 뺄셈, 소수의 덧셈과 뺄셈, 약분과 통분, 분수의 곱셈, 소수의 곱셈, 분수의 나눗셈, 소수의 나눗셈
중등 전 학년	수와 연산	정수와 유리수, 유리수와 순환 소수, 제곱근과 실수,
고등 1학년	집합과 명제	집합의 뜻과 포함 관계

4 수업 소개

여덟 개의 수업 : 유리수와 다른 성질을 가지는 무리수에 대해 알아봅시다. 유리수와 무리수를 이용해 실수에 대해 알아보고, 그 성질과 계산 방법을 알아봅니다.

1교시 무리수의 발견

무리수의 발견은 언제, 어떻게 이루어졌는지 알아봅니다.

- 선행 학습 : 분수와 소수의 이해, 닮은 도형의 성질.
- 학습 방법 : 초등학교 1학년 때부터 지금까지 배워 온 수의 종류와 그 특징을 간단히 정리해 보고, 새로운 수인 무리수의 발견 과정을 역사적인 관점에서 알아봅니다.

2교시 제곱근

알쏭달쏭한 제곱근의 뜻과 그 성질을 여러 가지 예와 함께 자세히 알아봅니다.

- 선행 학습 : 정사각형의 넓이 구하기, 분수와 소수의 곱셈, 완전 제곱수.
- 학습 방법 : 정사각형의 넓이를 구하는 방법을 이용하여 알쏭달쏭한 제곱근의 의미를 쉽게 이해합니다. 여러 가지 수의 제곱근을 직접 계산해 보고, 구체적인 예를 통해 복잡한 제곱근의 성질을 알아봅니다.

실수의 분류

여러 가지 수들을 그 특징에 따라 분류해 보고 집합으로 나타내어 봅니다.

- **선행 학습** : 집합의 개념과 포함 관계 및 연산, 벤 다이어그램, 유리수와 소수의 관계, 순환소수와 유리수의 관계
- **학습 방법** : 소수로 나타내었을 때 그 특징에 따라 여러 가지 수를 분류하는 방법을 알아봅시다. 실수의 분류를 이해한 후 각 수들의 관계를 집합을 이용해 표현해 보고, 벤 다이어그램으로 나타내어 봅니다.

4교시 수직선과 실수

실수를 수직선 위에 나타내 보고 실수의 대소 관계를 알아봅니다.

- **선행 학습** : 수직선 위에 자연수, 정수, 분수 및 소수 나타내기, 분수의 크기 비교, 소수의 크기 비교, 부채꼴의 성질.
- **학습 방법** : 정사각형의 넓이와 한 변의 길이 관계를 이용하여 수직선 위에 무리수를 나타내 봅니다. 실수의 대소 관계에 관한 정의와 부등식의 성질을 이용하여 실수의 대소 관계를 알아봅니다.

5교시 제곱근의 근삿값

제곱근의 근삿값을 여러 가지 방법을 이용하여 알아봅니다.

- **선행 학습** : 소수의 곱셈, 완전 제곱수, 실수의 대소 비교에 관한 정의, 근삿값과 오차의 뜻.
- **학습 방법** : 완전 제곱수를 이용하여 제곱근의 근삿값을 정수 범위까지 구해 봅니다. 제곱근표의 구조를 이해하고 제곱근표를 이용하여 제곱근의 근삿값을 쉽게 확인하여 봅니다.
- **관련 교과 단원 및 내용**

6교시 무리수의 사칙 연산 곱셈과 나눗셈

무리수끼리의 곱셈과 나눗셈 계산 방법을 알아봅니다.

- **선행 학습** : 소인수 분해, 자연수÷자연수.
- **학습 방법** : 무리수끼리의 곱셈 및 나눗셈에 적용되는 규칙과 성질을 익혀 곱셈과 나눗셈을 계산하는 방법을 알아봅니다. 소인수 분해와 분모의 유리화를 이용하여 무리수의 곱셈과 나눗셈을 계산하는 방법을 알아봅니다.

7교시 무리수의 사칙 연산 덧셈과 뺄셈

무리수끼리의 덧셈과 뺄셈 계산 방법을 알아봅니다.

- **선행 학습** : 동류항의 덧셈과 뺄셈.
- **학습 방법** : 무리수의 덧셈과 뺄셈에 적용되는 규칙과 성질을 익혀 계산하는 방법을 알아봅니다. 동류항 개념을 이용하여 무리수의 덧

셈과 뺄셈에서 서로 계산이 가능한 항을 찾아 덧셈과 뺄셈 계산을 익혀 봅니다. 또한 분모의 유리화를 이용하여 주어진 무리수를 간단히 한 후 덧셈과 뺄셈 계산을 적용해 봅니다.

8교시 무리수라는 사실의 증명

제곱해서 2가 되는 수는 유리수가 아닌 무리수라는 증명에 대해 알아봅니다.

- **선행 학습** : 기약 분수, 지수 법칙, 식의 대입.
- **학습 방법** : 귀류법이라는 수학의 간접 증명법을 이용하여 제곱해서 2가 되는 수인 $\sqrt{2}$ 를 유리수라고 가정하면 오류가 발생합니다. 이 성질을 이용하여 $\sqrt{2}$ 는 유리수가 아닌 무리수라는 증명을 차근차근해 봅니다.

데데킨트를 소개합니다

Dedekind, Julius Wilhelm Richard (1831~1916)

아름다운 나라 독일. 나는 그 독일에서 태어났습니다.

법률가의 아들이었지만 나의 관심은 언제나 수학에 있었답니다.

브라운슈바이크의 김나지움에 다닐 때는 화학과 물리학에 관심을 가졌지만, 후에는 대수학, 기하학, 타원함수를 혼자서 연구하기도 했습니다.

여러분, 나는 데데킨트입니다

여러분 안녕하세요? 나는 이 책을 통해 여러분과 실수라는 흥미로운 주제에 대해 알아보게 될 데데킨트라고 합니다. 만나서 반갑습니다.

내 이름이 좀 생소하지요? 나는 지금으로부터 약 200년 전인 1831년 독일 브라운슈바이크에서 태어났지요. 내 이름에서 왠지 독일 느낌이 나지 않았나요? 내 아버지는 법학 교수셨지요. 나는 카롤린 대학교에서 공부한 뒤 괴팅겐 대학교에 진학했습니다. 그곳에서 가우스, 디리클레 등 당대의 유명한 수학 교수님께 많은 가르침을 받았지요. 1854년에는 모교인 괴팅겐 대학에서 강사를 하고, 그 후 취리히 공과 대학과 태어난 곳인 브라운슈바이크 고등기술학교에서 수학을 가르쳤습니다.

나는 수의 전반적인 분야를 다양하게 연구했습니다. 특히 19
세기 후반 극한과 연속 등이 포함된 해석학수학의 여러 갈래 중 한 분
야의 여러 개념이 발전하면서 무리수 연구에 특히 공헌했답니
다. 당시 나뿐만 아니라 바이어슈트라스, 칸토어 등 다른 유명
한 수학자들도 무리수와 실수 연구에 큰 공헌을 했어요. 나는
'절단'이라는 개념을 사용해서 실수를 정의했죠.

　내가 연구한 '절단'이라는 개념을 여러분들에게 간략하게 소개하자면, 유리수 전체의 집합을 특정 조건을 만족하는 두 개의 집합으로 나누는 것입니다. 이것을 유리수의 절단2개로 나누어 쪼갠다는 의미이라고 해요. 이러한 유리수의 절단에는 매우 다양한 경우가 있습니다. 이 다양한 경우의 절단들을 모든 유리수와 무리수에 각각 대응시킬 수 있고, 그 대응에 따라서 실수에 대한 정의가 생기는 것입니다.

　이해를 쉽게 하기에는 설명이 너무 짧죠? 유리수의 절단이라는 개념은 그 내용이 많아서 좁은 지면에 다 소개할 수가 없답니다. 유리수의 절단에 대해 더 알고 싶은 친구들은 개인적으로 나에게 연락 부탁해요.

나는 실수에 대해 체계적인 정리를 한 사람들 중 하나에요. 그래서 이렇게 실수에 대해 얘기하는 거고요. 그 당시로부터 정말 오랜 시간이 지났지만 실수는 여전히 수학에서 큰 의미를 가지고 있어요. 여러분들과 함께 실수에 대해 이야기하게 되어 너무 기쁜데요, 아무쪼록 앞으로 여러분이 실수와 한층 더 친숙하게 되길 바랍니다.

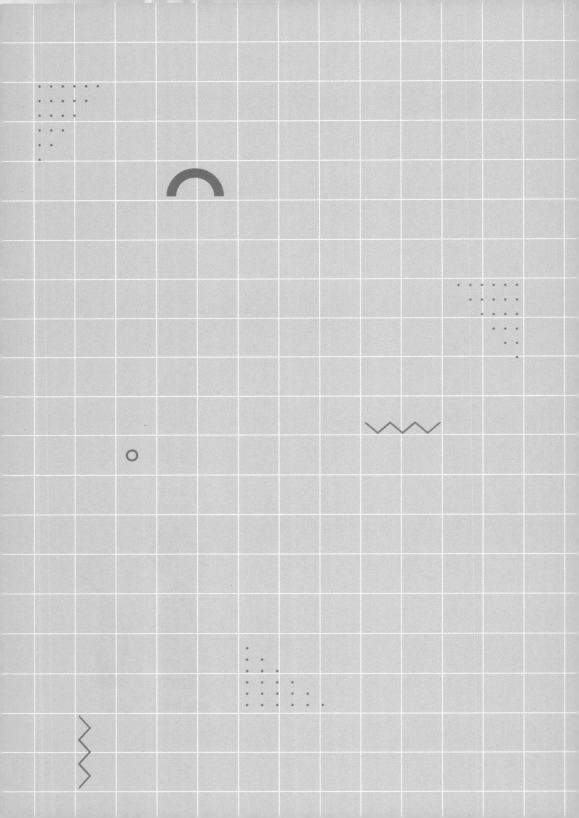

무리수의 발견

무리수는 바로 그 유명한
피타고라스의 정리에서 출발했습니다.

1. 자신이 알고 있는 수의 종류는 무엇인지 말할 수 있습니다.
2. 무리수 발견의 역사적 배경에 대해 이야기할 수 있습니다.

미리 알면 좋아요

1. 도형의 닮음 한 도형을 일정한 비율로 확대 또는 축소한 도형을 서로 닮았다고 합니다. 유명한 건물이나 자동차, 기차 등을 축소해 만든 모형들도 원래의 자동차나 기차와 닮은 입체도형이 되지요. 삼각형이나 사각형 같은 평면도형도 일정한 비율로 확대 또는 축소하여 원래의 것과 닮은 도형을 쉽게 만들수 있습니다.

2. 평면도형의 닮음의 성질
① 서로 닮음인 두 도형에서 대응하는 변의 길이의 비는 일정하다.
② 서로 닮음인 두 도형에서 대응하는 각의 크기는 서로 같다.

3. 삼각형의 닮음 조건 두 삼각형이 다음 조건 중 한 가지를 만족하면 두 삼각형을 서로 닮음이라고 합니다.
① 세 쌍의 대응변의 길이의 비가 같을 때
② 두 쌍의 대응변의 길이의 비가 같고 그 끼인각이 같을 때
③ 두 쌍의 대응각의 크기가 같을 때

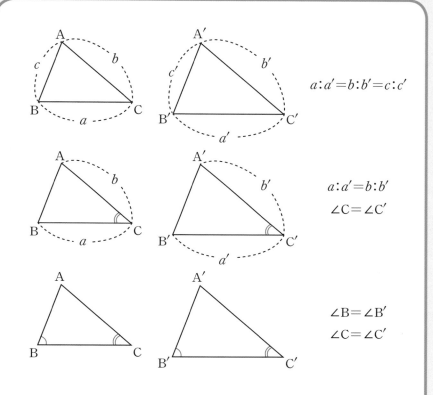

4. 제곱 같은 수 또는 같은 문자를 거듭하여 곱한 것. 예를 들어, $2 \times 2 = 2^2$, $3 \times 3 = 3^2$, $x \times x = x^2$ 등으로 표시하며, 각각 '2를 제곱한다, 3을 제곱한다, 또는 x를 제곱한다'라고 한다. 또 제곱하여 얻은 결과를 각각 '2의 제곱, 3의 제곱, x의 제곱'이라고 한다.

데데킨트의
첫 번째 수업

수는 인류 역사상 계속해서 관심과 연구의 대상이었지요. 고대 바빌로니아, 이집트, 그리스, 중국, 한반도의 삼국 시대 등……. 사람들은 어느 곳에서나 조금씩 다른 모습의 수를 사용했고 그 과정에서 수에 대해 점차 알아 갔습니다. 하지만 수에 대한 지식들이 체계적으로 정리되기 시작한 것은 그로부터 오랜 시간이 지난 후부터였지요.

자, 그러면 지금부터 이와 같이 기나긴 역사를 가진 실수에 관한 여행을 시작해 보도록 하겠습니다. 무리수부터 첫발자국을 힘차게 내딛도록 하지요.

그런데, 왜 하필 무리수부터냐고요? 좋은 질문이에요, 그 질문에 대답하기 위해서는 먼저 실수라는 단어부터 살펴볼 필요가 있겠네요. 실수는 한자로 實數실제 실, 셈 수, 영어로는 Real number라고 합니다. 실수를 한자로 간단히 풀이하면 실제적인 수라고 할 수 있겠지요?

아주 오래전 인류가 유목 생활을 시작했을 때를 상상해 볼까요? 사냥을 하고 잡은 동물의 양을 비교할 때 단순히 '많이 잡았다, 조금 잡았다'라고 하면 사람의 기준에 따라 그 양의 차이가 있겠지요. 따라서 객관적인 기준으로 얼마나 많이 잡았는지를 표현할 필요가 생깁니다. 여기에서 한 마리, 두 마리와 같이 1을 기본 단위로 하여 1씩 차례로 늘려 가는 수의 개념을 형성했을 거라는 추측이 나올 수 있겠죠. 이렇게 나온 개념이 바로 우리가 현재 다루는 자연수이지요.

그리고 마을의 전체 경작지를 누구에게는 어느 정도, 다른 누구에게는 얼마만큼씩 나누어 경작하게 할 때도 전체를 1로 보았을 때 그 일부분을 나타내는 분수의 개념이 자리 잡게 되었습니다. 전체 밭을 두 명이 나눌 경우 한 명이 전체 밭의 $\frac{1}{2}$을 차지하고, 세 명이 골고루 나눌 때에는 한 명이 전체 밭의 $\frac{1}{3}$을 가지게 됩니다. 이런 방식으로 일상생활에서 분수를 서서히 접했던 것이지요.

모든 수는 옛날부터 실생활에서 쉽게 경험할 수 있었습니다. 자연수, 분수와 더불어 수학적으로 의미가 큰 0이라는 개념의 발견과 음의 정수에 대한 인식까지 말이지요. 사냥을 해서 동물을 세 마리 잡았는데, 이웃 마을 사람들이 쳐들어와 세 마리를 다 훔쳐 갔다면 그때 동물이 아무것도 없게 된 상태를 0이라고 말해야 합니다. 물론 0이라는 수가 수학에 얼마나 큰 영향을 끼쳤고 그 발견이 쉽지 않았다는 것을 생각한다면 0을 이렇게 단 몇 줄로 소개하는 것이 조금 민망하기도 하답니다. 이 기회에 아주 옛날, 0의 개념과 0이란 수를 발견한 인도 문명에 우리 모두 고마운 마음을 가져 보면 어떨까요?

이야기가 너무 샛길로 들어선 것 같네요. 결국 지금까지 예를 들어 본 수들의 쓰임새를 실생활에서 조금만 생각한다면 그 개념을 쉽게 받아들일 수 있을 거예요. 반면에 무리수는 실생활에서 발견되면서도 이전의 수들과는 다른 무언가가 더 있었던 것이지요. 그래서 우리는 무리수를 시작으로 실수라는 이야기를 펼쳐 보려고 합니다.

무리수는 지금까지 말한 여러 가지 수에 비해 역사적으로 아주 오랜 뒤에 발견되었을 것 같지요? 하지만 그렇지도 않습니다. 바빌로니아 시대에는 길이가 1인 정사각형의 대각선의 길이에 해당하는 $\sqrt{2}$라는 무리수의 근삿값[1]을 소수 열한 번째 자리까지 구했거든요. 60진법[2]을 주로 사용한 바빌로니아 문명에서 유물로 남겨진 점토판에 쓰인 '1:24,51,10'이라는 기록을 해석하면 $1+\dfrac{24}{60}+\dfrac{51}{60^2}+\dfrac{10}{60^3}≒1.41421296296$으로, 이것은 $\sqrt{2}$라는 무리수의 근삿값과 소수 다섯째 자리까지 실제로 일치한답니다. 이것으로 그들의 수학적 실력이 정말 대단했다는 것을 가늠할 수 있지요. 바빌로니아 시대가 기원전 1900년에서 1600년경이니까 지금으로부터 약 3600년

전에도 무리수는 이미 발견된 것이겠군요.

하지만 여러분, 여기서 잠깐 짚고 넘어갈 부분이 있답니다. 우리가 과연 어떤 것을 발견이라고 말할 수 있을까요? 다음의 이야기를 생각해 봅시다.

옛날에 멍청한 남편과 현명한 부인이 살았습니다. 하루는

이 남편이 농사일을 하면서 주운 반짝이는 돌멩이를 부인에게 선물로 주었습니다. 현명한 부인은 이것이 귀한 보물임을 알고 남편에게 물었습니다.

"이 돌멩이는 어디서 났습니까?"

"이건 내가 어릴 때부터 놀던 숲속 깊은 곳에 널려 있는 돌멩이라오. 나만이 아는 장소지요. 부인이 맘에 든다면 더 주워다 드리리다."

부인은 그 돌멩이가 단순히 반짝이는 예쁜 돌이 아닌 귀한 황금 덩어리라는 것을 알고 남편과 함께 그 장소로 가서 황금을 모두 팔아 큰 부자가 되었답니다.

그럼 여러분, 여기에서 금을 발견한 것은 남편일까요, 부인일까요? 금이 있는 곳을 처음 알았던 사람은 남편이지만 정작 남편은 그것이 다른 돌멩이와 별 차이가 없다고 생각했습니다. 반면 부인은 귀한 황금이란 것을 알고 그 가치를 잘 이용했지요. 금을 보고도 금이라는 것을 알지 못한다면 금을 발견했다고 할 수 없을 것입니다. 그런 의미에서 금을 발견한 것은 남편이 아닌 현명한 부인이라고 할 수 있겠지요.

바빌로니아인들도 이와 같았습니다. 길이가 1인 정사각형의 대각선의 길이가 어느 정도라는 수학적 계산은 훌륭하게 해냈지만 그 수가 그들이 여태까지 다뤘던 분수, 유리수와는 완전히 다른 존재라는 것은 미처 깨닫지 못했지요. 그들이 얻어 낸 $\sqrt{2}$의 근삿값 1.41421296296으로 실생활에서 필요한 계산을 어느 정도는 정확하게 할 수 있었을 테니 크게 아쉬울 것도 없었을 겁니다.

하지만 이렇게 해서 바빌로니아인들이 구한 $\sqrt{2}$의 근삿값을 무리수의 발견이라고 보기에는 왠지 2%쯤 모자란다고 할까요? 사실 무리수도 실수의 한 종류이기 때문에 고대부터 그 길이를 구하기 위한 노력은 계속되었습니다. 그리고, 무리수의 근삿값을 바빌로니아인들처럼 매우 훌륭하게 구해 낸 경우도 실제로 더 있답니다. 다만 그 값이 유리수와는 본질적으로 다르다는 특징을 알아차리지 못했을 뿐이지요. 그런데 이런 상황에서 논리적인 증명을 좋아하는 그리스인들의 장점이 빛을 발하게 됩니다. 그럼 이제 기원전 약 500년경의 그리스 시대 피타고라스학파로 장면을 바꿔 봅시다.

여러분, 우리가 역사를 통해 배우는 그리스 시대는 서양 문화의 뿌리로, 종교, 철학과 정치, 문화가 발달하고 논리를 매우 중요하게 여겼다는 특징을 기억할 것입니다. 이로 인해 당시 그리스에서 수학을 연구하는 사람들은 수학의 어떤 사실을 증명할 때, 대충대충 넘어가지 않고 아주 엄밀하게 논리를 전개해 나가는 것을 당연하게 여겼습니다. 또한 당시 그리스에서 학문을 연구했던 학파는 요즘과는 달리 엄격한 규율 속에서 학문을 연구하였는데요, 그중의 하나가 바로 피타고라스학파입니다.

피타고라스학파는 만물의 기본 원리를 수로 보고, 자연수에 의해 모든 사물을 파악할 수 있다고 생각했습니다. 이것은 그들의 중요한 기본 철학이었지요. 피타고라스학파는 비율과 닮은 도형에 대한 많은 이론을 만들어 내는 등 수학사에서 여러 업적을 쌓았습니다.

피타고라스학파가 발견한 제일 유명한 정리는 바로 직각삼각형의 세 변의 길이의 관계에 대한 피타고라스의 정리이죠. 무리수 이야기를 하다가 갑자기 웬 피타고라스의 정리냐고요? 그건 이 피타고라스의 정리가 바로 무리수를 발견한 계기가 되었기 때문입니다.

그럼 다시 피타고라스의 정리로 이야기를 돌려 봅시다. '직각삼각형에서 제일 긴 빗변의 길이의 제곱은 다른 두 변의 제곱의 합과 같다.'라는 피타고라스 정리를 모두 잘 알고 있지요? 피타고라스의 증명에 의하면 다음과 같이 빗변의 길이가 c, 다른 두 변의 길이가 각각 a, b인 직각삼각형은 어떤 모양이든 $c^2 = a^2 + b^2$이 성립한다는 것이지요.

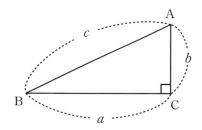

예를 들어 세 변의 길이가 3, 4, 5인 직각삼각형에 피타고라스의 정리를 대입해 보면 $5^2 = 3^2 + 4^2$, 즉 $25 = 9 + 16$인 것을 확인할 수 있습니다.

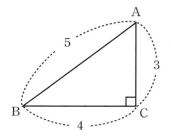

그런데 피타고라스학파의 자랑거리인 피타고라스의 정리를

보며 사람들은 문득 다른 의문점들이 생기기 시작했습니다. '아뿔싸, 정사각형의 대각선을 기준으로 접으면 생기는 직각이등변삼각형의 경우는 어떻게 되는 거지?'

여러분도 직각이등변삼각형이 어떻게 생겼는지 잘 알지요? 직각이등변삼각형의 한 예로 직각을 낀 두 변의 길이가 모두 1인 경우를 생각해 봅시다. 빗변의 길이를 미지수 x라 놓고 피타고라스의 정리를 적용해 보면 x의 제곱은 다른 두 변의 제곱의 합과 같으므로 $x^2 = 1^2 + 1^2$, 즉 $x^2 = 2$가 됩니다. 당시 x의 값이 얼마인지는 모르더라도 피타고라스학파 사람들은 당연히 x는 유리수라고 생각했습니다. 바로 자연수로 모든 사물을 파악할 수 있다는 신념 때문이었지요. 그 믿음 때문에 그들은 이 세상의 수는 모두 자연수, 정수, 더 나아가 정수와 정수의 비율로 나타낼 수 있는 유리수라고 생각했답니다.

자, 그럼 문제는 어디에서 발생했을까요? 그렇지요, 바로 '직각이등변삼각형의 빗변의 길이 x, 즉 제곱해서 2가 되는 유리수는 도대체 얼마일까?'라는 질문에서였습니다. 당시 제곱해서 2가 되는 수는 피타고라스학파 회원들이 아무리 머리를 굴려 봐도 찾을 수가 없었거든요.

회원 A: 1.4를 제곱하면 1.96이니까 2와 거의 비슷하긴 한데 말이야…….

회원 B: 그럼 좀 더 크게 1.5를 제곱해 보자고. 이런, 이번에는 2.25니까 2랑 비슷하긴 해도 2보다 커지잖아.

회원 C: 그래도 1.4와 1.5사이에 있을 것 같은데, 그럼 1.45를 제곱해 볼까? 아이고 복잡해. 2.1025가 나오니까 1.45도 아닌걸.

회원 D: 그래도 우리 계속 찾아보자고, 찾다 보면 알 수 있지 않겠나?

과연 그들은 제곱해서 2가 되는 유리수를 찾을 수 있었을까요? 아무리 복잡한 수라 해도 답이 있다면 희망은 있는 것이지요. 열심히 노력하다 보면 찾을 수 있을 테니까요. 하지만 제곱해서 2가 되는 x가 유리수에서는 절대로 찾을 수 없는 수라면 그것은 피타고라스학파가 감당할 수 없는 결과였습니다.

그런데 결국 큰일이 나고야 말았습니다. 제곱해서 2가 되는 x가 절대로 유리수가 될 수 없다는 사실을 알게 된 것이지요. 그 사실에 대한 증명은 나중에 다시 살펴보기로 하겠습니다.

유리수가 아닌 수의 발견이 당시에 왜 그렇게 큰 문제였는지 고개를 갸우뚱하는 친구들도 있을 텐데, 잘 생각해 보세요. 피타고라스학파의 중요한 신념은 자연수를 중심으로 모든 수는 정수와 정수의 비인 유리수로 나타낼 수 있다는 것이었습니다. 그런 신념이 흔들린다는 것은 그들에게 하늘이 무너지는 것 같은 큰 문제였지요. 그래서 피타고라스학파에게 무리수의 발견은 단순히 새로운 지식이 아닌 그들의 신념을 위협하는 위험한 지식이었던 것입니다.

또 다른 이유는 그들이 중요시한 논리와 관련성이 있습니다. 비율과 닮은 도형에 대한 피타고라스학파의 많은 업적은 사실 '임의의 두 선분은 같은 단위로 잴 수 있다. 즉 공통 측정 단위를 갖는다.'라는 겉으로 보기에 명확한 가정을 바탕으로 이루어졌습니다. 무리수를 발견하기 전까지 두 선분의 길이는 모두 유리수였기 때문에 이 가정은 완벽하게 성립했답니다. 그런데 피타고라스의 정리에서 발견된 유리수가 아닌 수의 등장으로 그 가정은 힘을 잃었고, 그로 인해 그들의 학문적 업적이 뿌리째 흔들리게 되었던 것이지요.

직각이등변삼각형에서 대각선의 길이인 제곱해서 2가 되는 x 와 다른 한 변의 길이인 1은 각각 무리수와 유리수입니다. 그리고 이 두 선분, 즉 대각선과 대각선이 아닌 선분은 공통 측정 단위를 가지지 않으므로 그들의 학문적 바탕이 산산조각이 나 버

렸으니까요. 논리를 중요시하는 학자들에게 논리의 바탕이 된 어떤 사실이 더 이상 옳지 않다면 그건 정말 큰 문제가 되지 않겠어요?

이런 파장으로 인해 무리수의 존재를 발견한 피타고라스학파 회원, 히파소스도 참 곤란한 입장에 처하게 되었습니다. 이 존재를 알지 못했다면 차라리 마음이 편했을 텐데 말이에요. 무리수의 발견은 수학적으로 굉장히 의미 있는 것이었지만 정작 수학자들에게는 제대로 평가를 받지도 못했을 뿐더러 당시 그리스 수학의 배경 때문에 마치 죄인 취급을 받게 되지요. 설에 의하면 피타고라스학파에서는 무리수의 발견에 대해서 외부에 절대 퍼뜨리지 말라는 함구령을 내렸다고도 하고, 무리수의 발견을 숨기기 위해 히파소스를 죽였다고도 합니다.

지금 생각하면 어떻게 그런 이유로 사람을 죽일 수 있는지 이해가 되지 않지요? 그저 무리수라는 수를 발견했다는 이유 하나로 말이에요. 하지만 당시의 학파들은 요즘과 같이 학문만 연구하는 집단이 아니라, 종교적 색채가 매우 강하고 엄격한 규율 속에서 연구를 한 집단이었어요. 이 사실을 떠올린다면 피타고라스학파가 그들의 신념에 위배되는 무리수의 발견을 인정하려 하지 않은 것이 이해가 될 듯합니다. 타임머신을 타고 과거로 날아가지 않는 한 소문의 진위를 확인할 길은 없겠지만, 그러한 일이 있었다 하더라도 당시 크나큰 열정을 가지고 수학에 대해 연구했던 피타고라스학파의 업적만은 우리가 인정해 주어야 하지 않을까 싶습니다.

이후 피타고라스학파 사람들이 히파소스를 물에 빠뜨렸다는 설이 있습니다.

자, 여러분 이제 1교시를 마칠 시간입니다. 이번 시간에는 수의 역사적 발전 속에서 무리수는 도대체 어떤 경로를 통해서 발견되었나를 살펴보았습니다. 무리수의 근삿값을 실생활에서 활용한 것은 지금으로부터 약 3600년 전 바빌로니아 시대부터 이지만 그 특징을 제대로 알게 된 것은 그로부터 훨씬 나중인 B. C. 500년경인 피타고라스학파에서였다는 사실을 공부했습니다. 그럼 여러분, 다음 시간에 또 만나요!

❶ 수의 종류에는 자연수, 정수, 양수, 음수, 분수, 소수, 유리수 등이 있습니다.

❷ 특정 무리수의 근삿값을 구한 증거는 그 이전 시대에서도 발견되었습니다. 유리수와 다른 특징을 가지는 수로서 무리수의 존재의 발견은 B. C. 500년경, 고대 그리스 피타고라스학파에서 피타고라스의 정리의 증명과 관련하여 이루어졌습니다. 무리수의 발견은 당시까지만 해도 모든 수는 유리수로 이루어졌다는 피타고라스학파의 신념을 무너뜨리는 놀라운 사건이었습니다.

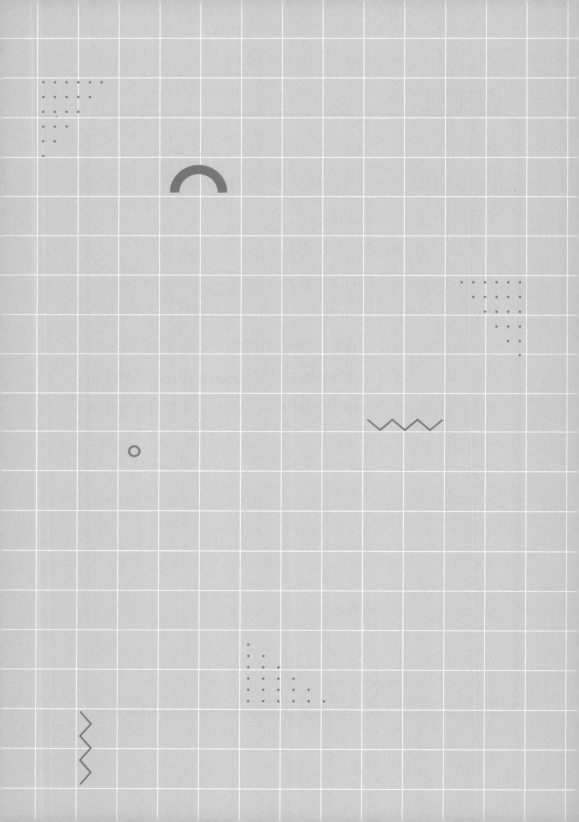

제곱근

모든 양수와 0에는 제곱근이 있습니다.

1. 제곱근의 의미를 정사각형 도형을 이용하여 설명할 수 있습니다.
2. 근호 $\sqrt{}$ 를 사용하여 다양한 수의 제곱근을 구할 수 있습니다.
3. 주어진 숫자의 부호에 따라 그 수의 제곱근의 개수를 말할 수 있습니다.
4. 제곱근의 성질을 이용한 계산을 할 수 있습니다.

미리 알면 좋아요

1. 도형의 넓이 도형의 크기를 나타내는 양으로 면적이라고도 합니다.
한 변의 길이가 1인 정사각형의 넓이를 기본 단위로 하여 도형의 넓이를 구합니다. 예를 들어 다음과 같은 직사각형의 넓이는 한 변의 길이가 1인 정사각형 몇 개로 이루어졌는지 확인하여 구할 수 있습니다.

한 변의 길이가 각각 1인 단위 정사각형

단위 정사각형 3개로 이루어져 있으므로 이 직사각형의 넓이는 3입니다.

단위 정사각형 6개로 이루어져 있으므로 이 직사각형의 넓이는 6입니다.

그런데 직사각형의 넓이를 이와 같이 단위 정사각형을 이용해 알아내다 보니 더 간편한 방법을 알게 되었습니다. 바로 직사각형의 가로와 세로의 길이를 각각 곱하면 넓이가 된다는 것입니다. 정사각형도 직사각형의 한 종류이므로 같은 방법으로 넓이를 구할 수 있습니다. 정사각형의 가로와 세로의 길이는 같으므로 똑같은 숫자끼리 곱하면 됩니다.

가로의 길이가 3, 세로의 길이가 1이므로 넓이는 $3 \times 1 = 3$입니다.

가로의 길이가 3, 세로의 길이가 2이므로 넓이는 $3 \times 2 = 6$입니다.

가로의 길이가 3, 세로의 길이가 3인 정사각형이므로 넓이는 $3 \times 3 = 9$입니다.

11

데데킨트의
두 번째 수업

안녕하세요? 여러분! 지난 시간에 우리는 무리수가 역사적으로 어떻게 발견되었는지 살펴보았습니다. 직각삼각형에 대한 피타고라스의 정리와 관련해서 무리수가 발견된 것을 기억할 텐데요, 이번 시간에는 무리수에 대해 더 알아보기 위해서 먼저 제곱근을 살펴보도록 하겠습니다.

우리가 이미 잘 알고 있는 도형 중에서 제곱근의 개념을 잘 설명할 수 있는 것이 있는데, 무엇일까요?

그건 바로 정사각형입니다.

예를 들어, 한 변의 길이가 5인 정사각형의 넓이를 우리는 어떻게 계산하지요?

맞아요, 정사각형의 가로, 세로의 길이가 모두 5이므로 넓이는 $5 \times 5 = 5^2 = 25$가 됩니다. 또 한 변의 길이가 6인 정사각형의 넓이는 $6 \times 6 = 6^2 = 36$이 되지요. 이건 여러분한테 너무 쉬운가요?

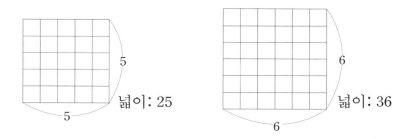

그러면 이번에는 거꾸로 생각해 보도록 하지요. 지금까지는 정사각형의 한 변의 길이를 먼저 알고 난 뒤에 한 변의 길이를 제곱하여 그 넓이를 구했지만 이번에는 정사각형의 넓이를 먼저 알고 난 뒤에 거꾸로 그 정사각형의 한 변의 길이를 구해 봅시다.

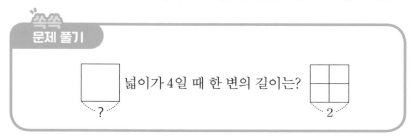

먼저, 넓이가 4인 정사각형의 한 변의 길이는 얼마일까요?

4를 제곱해서 $4^2 = 4 \times 4 = 16$이 되나요?

아니지요. 한 변의 길이가 4라면 그 길이를 제곱해서 넓이를 구해야겠지만, 지금은 거꾸로 넓이가 4, 즉 아직 얼마인지는 모르는 한 변의 길이를 제곱했더니 넓이가 4가 된 것이랍니다. 그러면 4를 제곱하는 것이 아니라, 어떤 수를 제곱해야 4가 되는지 고민해 봐야겠군요.

$1^2 = 1 \times 1 = 1$이니 1은 아니군요. 그다음으로 $2^2 = 2 \times 2 = 4$이므로, 2를 제곱하면 4가 됩니다. 결국 넓이가 4인 정사각형의 한 변의 길이는 이와 같이 어떤 수를 제곱해야 4가 되는지 고민해서 2라는 결과를 찾을 수 있었습니다.

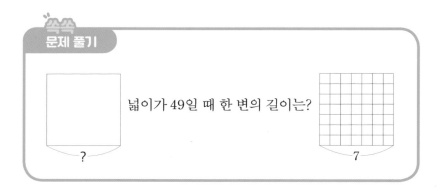

쏙쏙
문제 풀기

넓이가 49일 때 한 변의 길이는?

?

7

그럼, 넓이가 49인 정사각형의 한 변의 길이는 얼마일까요?

역시 제곱해서 49가 나오는 숫자를 찾아봐야겠지요? 잘 모르겠으면 1부터 차근차근 제곱해 보세요. $1^2 = 1 \times 1 = 1$, $2^2 = 2 \times 2 = 4$, $3^2 = 3 \times 3 = 9$, $4^2 = 4 \times 4 = 16$……처럼 말이지요.

이런 방식으로 계속 계산하다 보면 $7^2 = 7 \times 7 = 49$이므로 넓이가 49인 정사각형의 한 변의 길이는 7인 것을 알 수 있습니다.

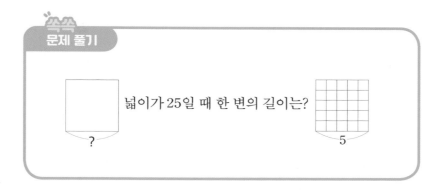

또, 넓이가 25인 정사각형의 한 변의 길이는 얼마인가요? 그렇지요. 한 변의 길이를 제곱해서 25의 넓이가 나오려면 $5^2 = 5 \times 5 = 25$이므로 정사각형의 한 변의 길이는 5가 되어야 합니다. 맨 처음 문제와도 비슷하니 살짝 확인해 봐도 알 수 있겠지요.

자 그림, 여러분. 마지막으로 넓이가 14인 정사각형의 한 변의 길이는 얼마일까요? 7일까요? 하지만 이전의 문제에서 한 변의 길이가 7인 정사각형의 넓이는 49라고 했으니 7은 아니겠지요. 그럼 7보다 작은 6, 5, 4, 3, 2, 1을 차례로 제곱해서 어느 경우에 14가 나오는지 확인해 봅시다.

"하지만 6부터 1까지 제곱해 봐도 14는 나오지 않는데요. 문제가 이상한가 봐요. 답이 없잖아요."

물론 그렇게 생각할 수도 있어요. 하지만 여러분, 우리가 지난 시간에 배웠듯이 제곱해서 2가 나오는 수를 찾다가 결국 그런 수는 무리수에서 찾을 수 있었다는 것, 기억하지요? 결국 넓이가 14인 정사각형의 한 변의 길이의 답은 유리수가 아닌 무리수 중의 하나랍니다. 그래서 여러분이 답을 말하기 어려웠던 것이지요.

자, 그럼 이러한 상황을 구체적인 숫자가 아니라 문자 x와 a를 이용해 표현해 보도록 하지요. 정사각형의 한 변의 길이를 x, 넓이를 a라고 합시다. 처음 상황은 먼저 정사각형의 한 변의 길이 x가 주어지고 그 넓이 a를 구하는 것, 즉 주어진 숫자를 제곱한 수를 구하는 것이었지요. x가 주어지면 $x^2 = a$을 구하는 것처럼 말입니다.

그런데 그다음 상황은 앞의 상황과는 반대로 정사각형의 넓이를 이용해 한 변의 길이를 구해야 했습니다. 즉 먼저 주어진 숫자가 어떤 수를 제곱한 수일 경우 그 어떤 수를 구하는 것이었지요. a가 주어지면 $x^2 = a$인 x를 구하는 것처럼 말이죠. 이와 같은 식에서 우리는 제곱근의 정의를 설명할 수 있습니다. 어떤 수 x를 제곱하여 a가 될 때, x를 a의 제곱근이라고 하는 것이지요. 정사각형의 넓이가 a일 때, 한 변의 길이 x를 구하는 것도 결국 a의 제곱근을 구하는 것과 마찬가지입니다. 물론 한 변의 길이니까 양수인 제곱근만 구해야 하지요.

"아, 좀 어려운데요. x는 뭐고 a는 뭐예요?"

여러분, 이해하기 어려울 때는 예를 들어 보는 것이 좋을 것 같군요. 제곱해서 25가 되는 수는 무엇이 있지요? 다른 말로, 어떤 수를 제곱해야 25가 될까요? $5^2 = 5 \times 5 = 25$이므로 당연히 5가 답이겠지만 $(-5)^2 = (-5) \times (-5) = 25$이므로 -5도 마찬가지랍니다. 이와 같이 제곱해서 25가 되는 수 5와 -5를 25의 제곱근이라고 한답니다.

"데데킨트 선생님, 그럼 4의 제곱근은 2, -2겠네요. 그럼 16의 제곱근은 8, -8인가?"

잘 생각해 보세요. 4의 제곱근은 맞았지만, 4의 제곱근 2는 4를 2로 나누어서 얻은 게 아니라 $2^2 = 4$이기 때문이지요. 그러니까 16의 제곱근을 16을 2로 나누어 얻은 8이라고 하면 안 되죠. 제곱해서 16이 되는 수를 찾아야 하니까, 바로 4, -4가 되겠지요. 그럼 분수나 소수도 제곱근이 있을까요? 음, $\dfrac{16}{25}$의 제곱근은 어때요?

"분자인 16의 양의 제곱근 4와 분모 25의 양의 제곱근을 이용해서 $\frac{4}{5}$, $-\frac{4}{5}$라고 하면 되지 않을까요?"

좋은 표현이네요. 그럼 소수는 어떨까요? 0.25처럼 말이에요.

"소수를 분수로 고치기는 쉬우니까, 일단 분수로 고쳐서 다시 제곱근을 구하면 어떨까요? $0.25 = \frac{25}{100}$니까, 0.25의 제곱근은 $\frac{5}{10}$, $-\frac{5}{10}$. 다시 소수로 고치면 0.5, -0.5가 되겠네요."

네, 응용을 아주 잘하는군요. 사실 0.25의 제곱근을 구할 때, $0.5^2 = 0.25$란 사실을 떠올릴 수 있다면 소수로 고치지 않고도 제곱근을 바로 말할 수 있어요.

"저는 2.5의 제곱근이 0.5, -0.5일 것이라고 생각했는데, 막상 계산해 보니 그렇지 않네요."

그렇죠, 4.9의 제곱근도 마찬가지로 0.7, -0.7이 아니랍니다. $0.7^2 = 0.49$이니까요. 언뜻 보기에 제곱을 하면 처음 주어진 숫자보다 커지는 것 같고 제곱근을 구하면 처음 주어진 숫자보다 작아지는 것 같지요? 대부분의 경우 그렇게 보이지만 이것은 정확한 표현이 아닙니다. 앞에서 살펴본 예만 보아도, 4의 제곱은 16으로 4보다 크고, 4의 제곱근은 2, -2로 4보다 절댓값이 작아지지만 0.5의 제곱은 0.25로 0.5보다 작아졌지요? 0.49의 제곱근은 0.7, -0.7로 그 절댓

메모장

❸ 절댓값 실수에서 양 또는 음의 부호를 떼어 버린 수.
+5의 절댓값 → 5
−5의 절댓값 → 5

값[3]이 0.49보다 커졌고요. 하지만 1은 제곱을 해도 1이고, 1의 제곱근은 1, −1로 절댓값이 같지요.

"결국 숫자에 따라 다 다르다는 거네요?"

그렇습니다. 하지만 그 특징을 살펴보면 1을 기준으로 절댓값이 1보다 큰 경우와 1보다 작은 경우, 1과 같은 경우로 나누어 생각해 볼 수 있답니다.

"그러니까 일단 양수에서만 생각해 보면, 1보다 큰 수는 4처럼 제곱을 하면 원래 수보다 더 커지면서 양의 제곱근을 구하면 더 작아지고, 1보다 작은 수는 0.25처럼 제곱을 하면 오히려 작아지면서 제곱근을 구하면 오히려 커진다는 거군요."

그렇지요. 그렇게 숫자를 예로 생각하면 더 잘 기억할 수 있답니다.

"선생님, 그럼 아까 우리가 못 푼 마지막 문제인 넓이가 14인 정사각형의 한 변의 길이, 즉 14의 양의 제곱근은 얼마예요? 3을 제곱하면 9, 4를 제곱하면 16이니까 자연수 중에서는 제곱해서 14가 되는 수가 없잖아요. 다만 3과 4 사이의 어떤 수겠네요. 3.×××…… 정도?"

그래도 그렇게 답을 쓸 수는 없지요. 그렇다고 소수 끝자리까지 하나하나 알아보는 것도 쉽지는 않고요. 이런 상황에 대비해서 제곱근을 나타내는 기호인 근호＝루트 $\sqrt{\ }$ 가 만들어졌답니다. 어떤 수 x를 제곱해서 a가 되었을 때, x를 a의 제곱근이라고 부르기로 약속했지요? 이것을 식으로 간단히 나타내면 다음과 같이 됩니다.

$$x^2 = a \text{ 일 때, } x \text{는 } a \text{의 제곱근, } x = \pm\sqrt{a} \text{ (단 } a \geqq 0 \text{)}$$

그럼 그 마지막 문제 '14의 제곱근'은 어떻게 되는 걸까요?

"위의 표현에 그대로 적용하면 $x^2 = 14$가 되려면 x는 14의 제곱근이니까 답은 $x = \pm\sqrt{14}$, 숫자만 말하면 $\pm\sqrt{14}$가 되는 거네요. 물론 넓이가 14인 정사각형의 한 변의 길이는 양의 제곱근인 $+\sqrt{14} = \sqrt{14}$만 되고요?"

그렇지요. 다시 한번 제곱과 제곱근의 차이를 설명해 볼게요. 잘 생각해 보세요.

$5^2 = 25$라는 식을 풀어 쓰면 5의 제곱은 25라고 말할 수 있지요. 하지만 거꾸로 생각하면 5는 25의 제곱근이라고도 표현할 수 있어요. 어떤 수를 제곱해서 나온 결과에 초점을 맞추는 게 아니라 제곱해서 어떤 결과가 나오려면 얼마의 수를 제곱해야 하느냐에 신경을 쓰는 거지요. 그럼 여러분이 대답해 보세요. '$7^2 = 49$'라는 식을 제곱근을 이용해 말해 볼까요?

"7은 49의 제곱근이다 또는 49의 제곱근은 7이다?"

하하, 첫 번째는 맞았지만 두 번째 경우는 안타깝게도 고칠 부분이 있네요. 고칠 부분이 어디인지 살펴보죠. 49의 제곱근은 $x^2 = 49$, x는 49의 제곱근, $x = \pm\sqrt{49}$에서, $\pm\sqrt{49}$라는 표현은 $+\sqrt{49}$와 $-\sqrt{49}$, 두 개의 수를 동시에 간단하게 쓰기 위한 것이에요. 그런데 여러분, 실제로 제곱해서 49가 되는 수를 우리는 알고 있잖아요.

"7이요."

네, 그렇지요 $7^2 = 49$니까요. 하지만 $(-7)^2 = (-7) \times (-7) = +49 = 49$가 되므로 사실 제곱해서 49가 되는 수, 49의 제곱근은 7뿐만 아니라 -7도 된답니다. 두 수를 간단히 나타내면 ± 7이지요. 그런데 분명히 49의 제곱근을 $\pm\sqrt{49}$라고 했잖아요. 결국 두 표현 ± 7과 $\pm\sqrt{49}$는 같은 수를 뜻하는 거지요.

"그럼 $+7 = +\sqrt{49}$이고, $-7 = -\sqrt{49}$이겠네요. 양수는 양수끼리, 음수는 음수끼리."

그렇지요. 그럼 아까 두 번째 경우는 어느 부분이 틀렸을까요?

"49의 제곱근이라면 $+7$, -7 둘 다 말해 줘야 하는데 $+7 = 7$만 말해서 틀렸어요."

네, 이와 같이 a의 제곱근은 보통 $\pm\sqrt{a}$, 즉 양의 제곱근 $+\sqrt{a}$와 음의 제곱근 $-\sqrt{a}$로 나뉜답니다.

"데데킨트 선생님, 예외도 있나요? 모든 수가 양의 제곱근과 음의 제곱근, 이렇게 두 가지 제곱근을 가지는 건지 궁금해요."

좋은 질문이네요. 59쪽의 식을 보면 $a \geqq 0$이라는 표현이 있는

데요, 이 표현은 'a는 음수가 될 수 없다'라는 뜻이거든요.

"아, 맞아요, 그래서 왠지 좀 이상했어요. 이유도 모른 채 그런 표현이 붙으니까 말이죠."

네, 그럼 왜 a는 음수가 될 수 없는지 간단히 살펴보도록 하지요.

$x^2 = a$라는 식에서 x는 양수, 0, 음수 중 어떤 수도 될 수 있어요. 하지만 여러분, 양수를 제곱하면 양수만 나온다는 것 알고 있지요? 음수도 마찬가지입니다. 예를 들어, 어떤 수를 제곱하면 앞에서 -7을 제곱해서 $+49$가 나왔던 것처럼 양수만 나온답니다. 마지막으로 0은 제곱을 하면 항상 0이 나오고요. 그러니까 x를 제곱한 결과인 a는 항상 0 또는 양수만 된답니다.

"아, 어떤 수를 제곱하더라도 양수 아니면 0이 나오니까 제곱을 해서 음수가 나오는 경우는 아예 없는 거네요."

그렇지요. 그래서 음수 a는 제곱근을 가질 수 없답니다. 하지만 양수 a라면 제곱근으로 $\pm\sqrt{a}$, 즉 양의 제곱근과 음의 제곱근 $+\sqrt{a}$, $-\sqrt{a}$ 2개를 갖게 되는 거지요.

"선생님 그럼 0도 $+\sqrt{0}$, $-\sqrt{0}$ 이렇게 제곱근 2개를 갖는 거 아니에요?"

하하하, 표현은 그럴듯해 보이지만 사실 $+\sqrt{0} = +0 = 0$, $-\sqrt{0} = -0 = 0$이므로 결국 $\pm\sqrt{0} = 0$이랍니다. 결국 0의 제곱근은 0으로 단 1개만 존재하는 것이지요.

복잡한 내용을 다음과 같이 간단하게 정리해 보도록 합시다.

1) 양수 a의 제곱근은 절댓값이 같은 양수와 음수 2개, 즉 $\pm\sqrt{a}$

2) 0의 제곱근은 1개, 즉 0

3) 음수의 제곱근은 없으므로 0개

"선생님 그런데요, 49의 제곱근은 $\pm\sqrt{49}$도 되고 ±7도 되니까 둘은 사실 같은 거잖아요. 그럼 49의 제곱근을 구할 때 둘 중 아무거나 써도 되나요?"

그렇지는 않아요. 수학은 약속을 정하고 그에 따르는 것이 참 중요해요. 그런 면에서 49의 제곱근을 구할 때 $\pm\sqrt{49}=\pm7$, 최종 형태를 ±7로 쓰는 것을 보통으로 하지요. 우리가 분수를 쓸 때 $\frac{3}{6}=\frac{1}{2}$처럼 최종 형태를 기약 분수[4]로 정리하는 것처럼 주어진 수를 더 작은 수로 간단히 할 수 있다면 그렇게 하는 것이 좋습니다. 하지만 불가능할 때에는 근호를 사용해 표현합니다. 7의 제곱근 $\pm\sqrt{7}$처럼 더 이상 간단히 할 수 없는 경우처럼 말이지요.

메모장
❹ 기약분수 분수의 분자와 분모가 1 이외의 공통인수를 가지지 않는 분수.

"그러면 어떤 수 a든지 제곱근을 구하라고 하면 a에 루트만 씌우면 되는 거잖아요, 그 앞에 $\pm$를 붙이고."

그렇지요, 하지만 주의할 점이 있어요. 9 같은 제곱수는 그 제곱근인 $\pm\sqrt{9}$를 ±3으로 간단히 나타낸다는 것과, a가 0또는 양수일 때만 그렇게 된다는 거지요. -5 같은 음수는 단순히 루트를 씌워서 제곱근을 $\pm\sqrt{-5}$라고 할 수 없어요. $\pm\sqrt{-5}$는 우리가 아는 범위의 수가 아니거든요. -5같은 음수는 제곱근을 아

예 구할 수 없기 때문에 −5의 제곱근은 0개라는 것을 기억해
두세요.

"선생님, 제곱과 제곱근은 마치 ＋−, ×÷와 마찬가지로
서로 반대 관계인 것 같아요. 어떤 수 x에 a를 더하고 다시 a
를 빼면 원래 수 x로 돌아가잖아요. $x+a-a=x+(a-a)$
$=x+0=x$ 또 어떤 수 x에 0이 아닌 수 a를 곱했다가 다시 a
로 나눠도 원래 수로 돌아가고요.

$$x \times a \div a = x \times \frac{a}{a} = x \ (단\ a \neq 0)$$

그런데 제곱과 제곱근도 그럴 것 같아요. 어떤 수에 제곱근을
씌웠다가 다시 제곱하면 다시 원래 수로 돌아가겠지요? 반대로
x를 제곱했다가 제곱근을 씌우면 다시 원래 수로 돌아가는 것
도 마찬가지이고요. 맞지요?"

뛰어난 관찰력이 돋보이는 지적인데요, 약간 수정만 하면 이
것을 제곱근의 성질이라는 식으로 정리할 수 있답니다.

$a > 0$일 때,
(1) $(\sqrt{a})^2 = a$, $(-\sqrt{a})^2 = a$
(2) $\sqrt{a^2} = a$, $\sqrt{(-a)^2} = a$

그런데 이렇게 수식으로 보니 어려운 외국어 같지요? 천천히 그 의미를 생각해 볼게요.

먼저 (1)은 $\sqrt{a}$와 , $-\sqrt{a}$ 즉 a의 양의 제곱근과 음의 제곱근을 먼저 구하고 그것을 각각 제곱한 것입니다. a의 제곱근을 제곱하면 다시 a가 된다는 뜻이지요.

(2)는 근호 속에 제곱수인 a^2, $(-a)^2$이 있을 경우 그 수를 근호 없이 나타낼 수 있다는 것입니다. 여기서 a와 $-a$는 사실 a^2의 두 제곱근이므로, 결국 a^2의 제곱근을 다시 제곱하면 a^2인 자기 자신이 되지요. 또한 $a \neq 0$일 때, a^2은 항상 양수이므로 근호를 씌워 양의 제곱근을 구할 수 있고, 그 수는 바로 a라는 것입니다. 말로 하니까 더 어렵게 느껴질 것 같은데요, (1)처럼 a의 제곱근을 제곱해도 원래의 수 a가 되고, (2)처럼 a의 제곱수의 양의 제곱근을 구해도 a가 된다는 것이지요.

"하지만 사실 (2)의 두 번째 경우는 원래 $-a$였지만, 결과는 $a = +a$로 처음과 나중의 부호가 바뀌었잖아요?"

(2)에서 구하고자 하는 것이 $(-a)^2$의 양의 제곱근이고, $(-a)^2 = a^2$의 양의 제곱근은 당연히 양수일 수밖에 없기 때문에 결과가 $-a$가 아닌 a가 된 것이지요.

"그냥 복잡하게 이것저것 따질 것 없이 '결과는 항상 양수 a 이다.' 이렇게 기억하면 되지 않을까요?"

물론 그렇게 간편하게 생각하는 것도 가능하지요. 하지만 더 논리적으로 생각할 수도 있답니다. 더군다나 항상 양수 a가 나오리란 법은 없기 때문에 다음과 같은 좀 더 다양한 예를 살펴보면 좋겠네요.

$$-(\sqrt{5})^2 = -5,\ (-\sqrt{5})^2 = 5,\ \sqrt{3^2} = 3,\ -\sqrt{(-3)^2} = -3$$

"어, 결과가 음수가 나온 경우도 있네요?"

결과가 음수가 나온 첫 번째와 네 번째 경우는 식의 맨 앞에 − 기호가 있지요? 우선 위의 계산식을 사용한 뒤에 결국 맨 앞의 − 기호가 작용해서 그렇습니다. 약간만 주의를 기울이면 될 거예요.

자, 여러분, 갑자기 제곱근의 세계를 여행했더니 내용도 설명도 여러분의 머리를 아프게 하지요? 뜨거워진 머리를 식히는 의미에서 우리 간단한 숫자 게임을 해 봅시다. '구구단을 외자' 게임 다들 알지요? 둥그렇게 앉아서 '구구단을 외자, 구구단을 외자'라고 노래를 부르며 한 사람이 구구단 문제를 내면 그 다음 사람이 정답을 말하고 또 그다음 사람에게 문제를 내면서 진행하는 게임이지요. 이를 응용해서 '제곱수를 외자'라는 게임을 해 보도록 하지요. 이 게임도 역시 구구단을 잘 외우고 있다면 유리할 거예요.

자, 먼저 연습 게임으로 10 이하의 숫자들부터 시작합시다. 선생님이 문제를 낼 테니 여러분들이 맞혀 보세요.

3의 제곱은? 9 $3^2 = 3 \times 3 = 9$

6의 제곱은? 36 $6^2 = 6 \times 6 = 36$

5의 제곱은? 25 $5^2 = 5 \times 5 = 25$

7의 제곱은? 49 $7^2 = 7 \times 7 = 49$

......

오, 이런······. 여러분들 숫자 게임을 잘하는군요. 이러다가는 게임이 끝나지 않겠어요. 그럼 이번에는 반대로 해 볼까요? '7의 제곱은? 49'와 같은 문제는 먼저 숫자를 주고 답을 구하는 거지요? 이번엔 '49는? 7의 제곱'과 같이 먼저 답을 내고 그 양의 제곱근을 외워 보는 것이지요. 이 게임이 좀 더 난이도가 있으니까 아까의 제곱수를 알아보는 것보다 더 흥미로울 것 같지요? 문제가 조금 어려워 보인다면 천천히 진행해 봅시다. 자, 시작합니다.

49는? 7의 제곱

25는? 5의 제곱

4는? 2의 제곱

14는? 7의 제곱?

"어, 아니다. 이 경우에 14의 제곱근은 아까 무리수라고 했으니까 근호를 이용해 $\sqrt{14}$제곱! 맞지요?"

하하하, 여러분. 게임을 통해서 벌써 제곱근과 많이 친해진 것 같네요. 맞아요. 이런 게임처럼 제곱근을 구하는 문제를 친구끼리 서로 내 보기도 하고 스스로에게 질문하는 방식으로 연습해 본다면 복잡한 내용을 한결 쉽게 익힐 수 있을 거예요.

이번 시간에는 어떤 수 a의 제곱근의 의미와 근호를 이용해 제곱근을 간단히 표현하는 법을 배웠습니다. 뿐만 아니라 제곱근을 구하는 수가 양수, 0, 음수인가에 따라 제곱근의 개수가 달라진다는 것과 제곱근의 성질까지 다루었죠. 그리고 제곱근의 개념을 설명하면서 이를 부연 설명할 수 있는 도형, 정사각형을 이용했습니다. 한 변의 길이를 알면 정사각형의 넓이를 계산할 수 있듯이 정사각형의 넓이를 알면 그 한 변의 길이까지도 알 수 있을 겁니다. 바로 넓이를 나타내는 수의 양의 제곱근이 정사각형의 한 변의 길이가 되니까요. 간단한 복습을 하며 다음 정사각형의 한 변의 길이를 구해 봅시다.

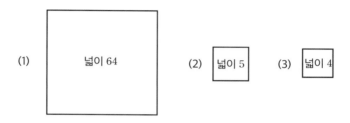

자, 여러분이 생각한 답이 맞나 맞춰 볼까요? 순서대로 넓이가 64인 정사각형의 한 변의 길이는 $+\sqrt{64}=8$, 넓이가 5인 정사각형의 한 변의 길이는 $+\sqrt{5}$, 넓이가 4인 정사각형의 한 변의 길이는 $+\sqrt{4}=2$가 되지요.

자, 이제는 한 칸의 길이가 1인 모눈종이에 그려진 정사각형의 넓이와 한 변의 길이를 알아볼까요?

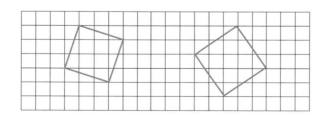

정사각형이 비스듬히 기울어져 있어 넓이를 구하는 것이 어려
워 보이죠? 이럴 경우에는 간접적으로 넓이를 구할 수 있습니다.

우선 첫 번째 정사각형의 넓이를 구해 봅시다. 정사각형을 둘
러싼 큰 정사각형의 넓이 16에서 네 귀퉁이의 직각삼각형의 넓
이 $4 \times (\frac{1}{2} \times 1 \times 3) = 6$을 빼면 10이 되지요.

$$\text{정사각형의 넓이} = (4 \times 4) - 4 \times (\frac{1}{2} \times 1 \times 3)$$

그러면 한 변의 길이는 그 제곱근인 $\sqrt{10}$입니다. 두 번째 정사각
형의 넓이는 정사각형을 둘러싼 큰 정사각형의 넓이 25에서 네 귀
퉁이의 직각삼각형의 넓이 $4 \times (\frac{1}{2} \times 2 \times 3) = 12$를 뺀 13이 되지요.

$$\text{정사각형의 넓이} = (5 \times 5) - 4 \times (\frac{1}{2} \times 3 \times 2)$$

그러면 한 변의 길이는 그 제곱근인 $\sqrt{13}$이 된답니다. 한꺼번에 너무 많은 내용을 익히느라 많이 힘들었을 텐데 푹 쉬고 기운 차려서 다음 시간에 꼭 나와요.

❶ 어떤 수 a에 대하여 $x^2=a$인 x를 a의 제곱근이라고 합니다. 이것은 정사각형의 넓이를 a, 한 변의 길이를 x라고 할 때 $x^2=a$가 성립하는 것과 매우 유사한 개념입니다.

❷ 다음 수의 제곱근을 차례대로 말해 봅시다.

25의 제곱근: ± 5, 4의 제곱근: ± 2, 16의 제곱근: ± 4,

$\dfrac{16}{25}$의 제곱근: $\pm\dfrac{4}{5}$, 0.25의 제곱근: ± 0.5,

14의 제곱근: $\pm\sqrt{14}$

❸ 양수의 제곱근은 2개, 0의 제곱근은 0이므로 1개, 음수의 제곱근은 없으므로 0개

❹ 제곱근의 성질을 이용하여 다음의 계산을 해 봅시다.

$-(\sqrt{5})^2=-5$, $(-\sqrt{5})^2=5$, $\sqrt{3^2}=3$, $-\sqrt{(-3)^2}=-3$

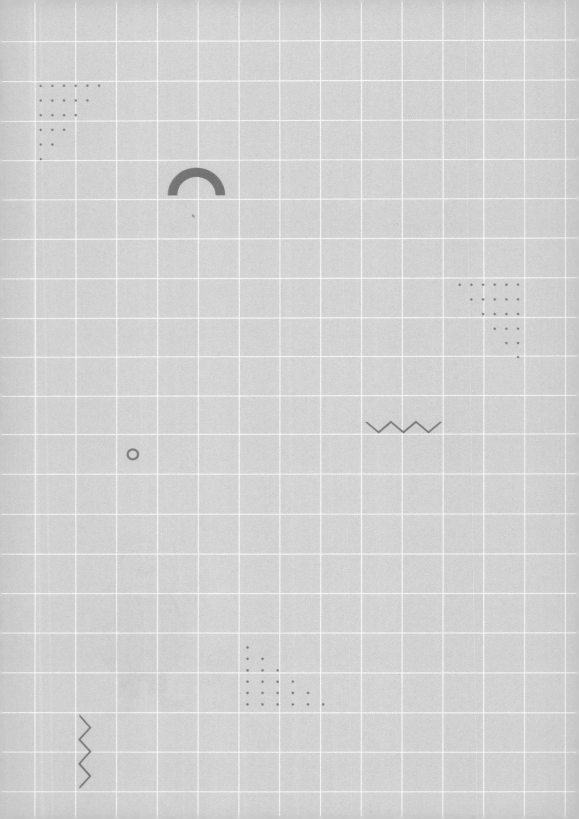

3교시

실수의 분류

실수에는 유리수와 무리수가,
유리수에는 정수와 정수가 아닌 유리수가,
정수에는 양의 정수와 0, 음의 정수가 있습니다.

1. 실수를 여러 가지 특징에 따라 분류할 수 있습니다.
2. 여러 가지 수의 집합 간의 관계를 집합 기호로 나타낼 수 있습니다.
3. 벤 다이어그램을 이용해 수 집합의 관계를 나타낼 수 있습니다.

미리 알면 좋아요

1. 숫자 용어 정리

① 유한소수 소수점 아래로 0이 아닌 숫자가 유한개에 그치는 소수.

예) 0.2, 5.19, 42.195 등

② 무한소수 소수점 아래로 0이 아닌 숫자가 무한히 계속되는 소수.

예) 1.444444……, 1.414213562373095……

③ 순환소수 무한소수 중 소수점 이하의 어떤 자리로부터 뒤에 같은 숫자들이 일정한 순서로 한없이 반복되는 소수.

예) 1.444444……, 1.030303……, 0.7519519519……

④ 유리수 두 정수 a, b를 그 비인 $\dfrac{a}{b}$의 분수 꼴로 나타낸 수. 단 $b \neq 0$

예) $\dfrac{3}{1} = 3$, $\dfrac{4}{7}$, $\dfrac{1}{100}$, $\dfrac{2}{3}$

⑤ 정수 양의 정수 = 자연수, 0, 음의 정수를 통틀어서 일컫는 말.

예) -3, -2, -1, 0, 1, 2, 3

2. 집합

① 집합 어떤 주어진 조건에 의하여 그 대상을 분명히 알 수 있는 것들의 모임.

예) 10 이하의 자연수의 모임

　　두 자릿수인 3의 배수의 모임

② 원소 집합을 구성하는 대상 하나하나.

예) 10 이하의 짝수의 집합을 A라 할 때, 2는 집합 A의 원소이며, 3은 집합 A의 원소가 아니다. 기호 ∈를 사용하여 2∈A 또는 A∋2, 3∉A, A∌3으로 나타낼 수 있다.

③ 벤 다이어그램 영국의 논리학자 벤이 고안해 낸 것으로 집합을 나타내는 그림. 부분 집합, 합집합, 교집합 등의 집합 사이의 연산을 쉽게 설명하는 데 유용하다.

예) 10 이하의 짝수의 집합 A

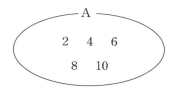

데데킨트의
세 번째 수업

이번 시간에는 우리가 알고 있는 수들을 분류해 볼 시간입니다. 우리가 동물을 특징에 따라 포유류, 양서류, 파충류, 조류, 어류 등으로 분류하는 것처럼 수들도 그 특징에 따라 분류할 수 있습니다.

우리가 알고 있는 모든 수들은 소수로 표현이 가능합니다. 예를 들어 1과 같은 자연수는 $1.000000\cdots\cdots$과 같이 표현할 수 있고, $\frac{4}{5}=0.8$, $\frac{1}{3}=0.333\cdots\cdots=0.\dot{3}$과 같이 어떤 분수도 소수로 나타낼 수 있지요.

그럼 소수를 두 가지로 나누면 어떻게 될까요?

네, 맞아요. 소수 자리가 유한개인 유한소수_{ex. 0.25, 0.414, 0.7}와 소수 자리가 끝없이 이어지는 무한소수_{ex. 0.31313131······ = 0.$\dot{3}\dot{1}$,} 1.41421356237309504880168······, $\frac{2}{3}$=0.666···=0.$\dot{6}$으로 나눌 수 있지요. 이 무한소수도 두 가지로 나눌 수 있답니다. 끝이 없다는 특징은 동일하지만 똑같은 숫자가 끊임없이 반복되는 규칙성이 있느냐 없느냐에 따라서 순환소수와 순환하지 않는 무한소수 비非순환소수로 말이지요. 이때 유한소수와 순환소수는 모두 유리수有理數두 정수의 비로 나타낼 수 있는 수가 된다는 것도 알아 두어야겠지요. 물론 유리수도 소수로 나타내면 항상 유한소수나 순환소수가 된답니다.

그럼 홀로 남은 비순환소수는 어떤 수가 될까요? 유리수가 아닌, 즉 두 정수의 비로 나타낼 수 없다 하여 무리수無理數라고 한답니다.

그런데 여러분, 우리가 지난 시간에 배운 제곱근과 비순환소수인 무리수는 관련성이 크답니다. 지난 시간에는 $a>0$일 때 어떤 수 a의 제곱근에 대해 살펴봤는데요, 이번에는 그 값을 자세히 구해 볼게요. 예를 들어, 2의 양의 제곱근인 $\sqrt{2}$의 값을 살펴보도록 하지요.

$1^2 = 1$, $(\sqrt{2})^2 = 2$, $2^2 = 4$이고,

$1 < 2 < 4$, 즉 $1^2 < (\sqrt{2})^2 < 2^2$이므로 $1 < \sqrt{2} < 2$입니다.

또 $1.4^2 = 1.96$, $(\sqrt{2})^2 = 2$, $1.5^2 = 2.25$이고,

$1.96 < 2 < 2.25$이므로 $1.4 < \sqrt{2} < 1.5$입니다.

벌써 어지러워지죠?

또 $1.41^2 = 1.9881$, $(\sqrt{2})^2 = 2$, $1.42^2 = 2.0164$이고,

$1.9881 < 2 < 2.0164$이므로 $1.41 < \sqrt{2} < 1.42$입니다. 이제 겨우 $\sqrt{2}$의 소수 둘째 자리까지 알아냈네요. 이와 같은 방법으로 소수 자리를 계속해서 알아내어 $\sqrt{2}$를 소수로 나타내면 다음과 같이 순환하지 않는 무한소수로 나타난답니다.

$\sqrt{2} = 1.41421356237309504880168\cdots\cdots$

1.4 같은 유한소수, $1.444444\cdots\cdots = 1.\dot{4}$와 같이 무한소수더라도 규칙을 발견할 수 있는 순환소수들은 유리수이지만, $\sqrt{2}$ 같은 비순환소수는 앞서 말한 바와 같이 무리수라고 하지요. 무리수를 소수로 나타내면 숫자가 순환하지 않는 무한소수, 비

순환소수로 나타난다는 것을 기억하면 좋겠어요.

"선생님, 그럼 양수 a의 제곱근 $\pm\sqrt{a}$의 값을 구하면 모두 순환하지 않는 무한소수인 무리수가 되나요?"

글쎄요, 대부분이 그렇긴 하지만 모두는 아니에요. 우리가 지난 시간에 배웠듯이 7^2, 25, $\dfrac{9}{4}$, 0.16, 1과 같은 제곱수의 제곱근은 사실 제곱근 없이도 표현이 가능하니까요. $\sqrt{7^2}=7$, $\sqrt{25}=5$, $\sqrt{\dfrac{9}{4}}=\dfrac{3}{2}$, $\sqrt{0.16}=0.4$, $\sqrt{1^2}=\sqrt{1}=1$처럼 말이에요. 하지만 제곱수여서 근호를 벗겨낼 수 있는 경우를 제외하면 대부분의 제곱근은 무리수가 되지요. $\sqrt{7}$, $-\sqrt{3}$, $\sqrt{2.5}$처럼 말이지요.

"선생님, 그러면 $\sqrt{7}+1$같이 무리수 $\sqrt{7}$과 유리수 1을 더해서 이루어진 수는 어떻지요?"

생각해 보세요. 유리수는 유한소수이거나 순환소수에요. 만약에 유한소수인 유리수에 순환하지 않는 무한소수를 더하면 어떻게 되겠어요? 여전히 소수점 이하가 순환하지 않는 무한소수로 나타나겠지요?

그리고 순환소수인 유리수에 순환하지 않는 무한소수를 더해도 규칙성 있게 순환하던 소수 부분이 순환하지 않는 소수 부분과 만나게 됩니다. 결국 소수점 이하가 순환하지 않는 무한소수가 되지요. 무리수와 유리수끼리 더하든 빼든 결과는 무리수가 되는 결론이 나옵니다. 이밖에 무리수와 무리수를 더하는 경우도 $(-\sqrt{2})+\sqrt{2}=0$처럼 특이한 경우를 제외하면 모두 무리수가 돼요. 아무래도 순환하지 않는 무한소수 두 개를 더해서 순환하는 규칙이 생기긴 어렵겠지요.

　특이한 무리수에는 원의 지름과 원의 둘레의 비를 나타내는 원주율 π도 있습니다. 마치 a 또는 x 같은 문자처럼 보이지만 π는 숫자, 그것도 대표적인 무리수랍니다. 다만 $\sqrt{10}$과 같이 $\sqrt{\ \ }$ 형태로는 표현이 어렵기 때문에 $\sqrt{\ \ }$ 없이 π라는 문자를 사용하는 것이지요. 원주율 π의 근삿값으로 3.14를 잘 쓰지만 사실 $\pi = 3.141592\cdots\cdots$로 숫자가 계속해서 이어지고 있습니다. 순환하지 않는 무한소수로 나타나는 무리수랍니다.

　"결국 유리수가 아닌 수를 무리수라고 한다는 거지요? 양수 a의 제곱근인 $\pm\sqrt{a}$가 대표적인 무리수고요. 물론 $\sqrt{9} = 3$과 같은 경우는 예외고요."

그렇지요, 이제 여러분은 드디어 유리수가 아닌 수, 무리수의 정의를 확실하게 알게 되었으므로 실수의 족보를 완벽히 익히게 된 거랍니다. 첫 시간에 실수에 대해 여러분들과 이야기하긴 했지만, 사실 무리수가 등장한 뒤에야 기존의 유리수와 새로 등장한 무리수를 한 가족으로 하는 실수라는 개념을 제대로 잡을 수 있으니까요. 이제 여태까지 우리가 배운 모든 수들, 자연수, 정수, 유리수, 그리고 무리수까지가 모두 실수랍니다. 우리 주변은 실수투성이인 것이죠. 자, 이제 그럼 실수의 족보를 공개합니다. 짜자잔!

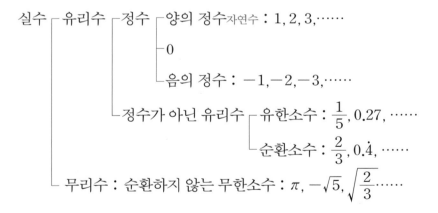

자연수, 정수, 유리수, 그리고 무리수는 모두 실수에 포함된답니다.

실수를 벗어나는 수는 없는 건가요?

허수가 있지만 허수는 여러분들이 고등학생이 돼서나 배우는 수니까 여러분들이 알고 있는 모든 수는 실수에 포함된다고 할 수 있어요.

실수를 영어로 **Real number**라고 하기 때문에 실수의 집합은 일반적으로 영어의 첫 글자를 따서 알파벳 R로 나타냅니다. 유리수는 Rational number이지만 첫 글자를 따서 쓰면 실수의 R과 겹치므로 또 다른 이름인 Quotient number의 Q로 나타냅니다. 여기서 Quotient는 '비율'을 의미하는 단어이지요. 무리수는 유리수가 아닌 수라는 의미에서 부정을 뜻하는 접두어 Ir을 붙여 Irrational number라고 합니다. 그래서 무리수 집합을 I로 나타내지요. 정수는 수를 의미하는 독일어 **Zahlen**에 어원을 두어 정수 집합을 Z로 표현합니다. 마지막으로 자연수는 말 그대로 자연스런 수, **Natural number**라고 하지요. 그래서 자연수 집합도 N이라고 합니다.

참, 여러분. 유리수의 rational은 '이성적인'이라는 뜻 외에도 '비를 가지는'이란 의미가 있어요. 이 말 뜻에 따라 유리수를 이성적인 수라고 이해하기 보다는 비로 나타낼 수 있는, 즉 분수로 나타낼 수 있는 수라고 받아들이는 게 맞겠지요? 그리고 분수로 나타낼 수 없는 무리수의 irrational도 '비이성적인'이 아닌 '비를 가지지 못하는'이란 의미로 해석한다면 이해가 더 빠를 거예요.

"갑자기 영어 시간 같아요. 단어들이 머리를 짓누르네요."

이왕 머리 아픈 거 이번에는 집합 이야기도 좀 해 볼까요? 집합은 중학교 1학년 때 처음 배우게 돼요. 집합에서 A⊂B는 'A 집합이 B집합의 부분집합', 'A 집합이 B 집합에 포함된다.'를 의미합니다.

예를 들어, 개미들의 집합 A는 곤충들의 집합 B의 부분집합이지요, 그러므로 A⊂B가 성립합니다. 그럼 이 ⊂ 기호를 수에 적용하면 어떻게 될까요? 자연수는 정수의 부분집합이고, 정수는 유리수, 유리수는 실수, 무리수는 실수의 부분집합이 되니까 다음과 같이 되겠지요?

N⊂Z⊂Q⊂R, I⊂R

물론 그 부정으로 $A \not\subset B$는 A 집합이 B 집합의 부분집합이 아니라는 의미이고, 수 집합에 적용하면 유리수와 무리수는 서로 부분 집합 관계가 아니므로 다음과 같은 표현이 가능합니다.

$Q \not\subset I, I \not\subset Q$

또한 $A \cup B$와 $A \cap B$는 각각 A와 B의 합집합과 교집합을 의미합니다. 예를 들어 남자들의 집합을 A, 여자들의 집합을 B라고 하면 사람의 집합은 남자와 여자의 합집합인 $A \cup B$가 되고 남자이면서 동시에 여자인 사람은 없으므로 $A \cap B$는 공집합 ϕ이 되겠지요. 그리고 어린이의 집합을 A, 사람의 집합을 B라고 할 때 어린이는 사람에 포함되므로 $A \subset B$이며, 이때 $A \cup B$는 A와 B 둘 중 더 큰 단위의 집합인 사람의 집합 B가 되고, $A \cap B$는 둘 중 더 작은 단위의 집합인 어린이의 집합 A가 되지요.

그럼 이 기호를 수 집합에 적용하면 어떨까요? 자연수, 정수, 유리수, 실수는 차례로 앞의 집합이 뒤의 집합의 부분 집합이 되니까 $N \cup Z = Z$, $Z \cup Q = Q$, $Q \cup R = R$이 성립하지요. 또한 유리수와 무리수의 합집합은 실수이므로 $Q \cup I = R$이 성립합니다. 그리고 유리수이면서 동시에 무리수인 수는 없으므로 $Q \cap I = \phi$가 되지요.

또한 A−B는 'A 차집합 B'라고 하며 A 집합의 원소 중에서 B 집합의 원소를 제거하고 남은 원소로 이루어진 집합을 뜻합니다. 차집합을 수 집합에 적용하면 'R−Q'는 실수의 원소 중에서 유리수의 원소를 제거하고 남은 원소로 이루어진 집합, 즉 무리수 집합 I가 됩니다. 또한 R−I=Q도 성립하지요. 제외를 뜻하는 Complement의 첫 글자 C를 이용한 기호 A^c는 집합 A의 여집합, 즉 집합 A가 속한 전체 집합에서 집합 A에 속하는 원소를 제외한 원소들로 이루어진 집합을 의미합니다. 여집합을 수 집합에 적용하면 유리수의 여집합은 전체 집합인 실수에서 유리수를 제외한 수들로 이루어진 집합, 즉 무리수 집합이 되며, 반대로 무리수의 여집합도 유리수 집합이 되겠지요.

$$Q^c = I, I^c = Q$$

실수의 포함 관계를 나타낼 때는 처음과 같이 표를 이용하기도 하며, 집합 기호로 표시할 수도 있습니다. 집합 간의 포함 관계를 시각적으로 빠르게 알 수 있는 그림인 벤 다이어그램을 이용하기도 합니다. 벤 다이어그램은 '벤'이라는 이름의 수학자가 생각해 내어서 그 이름을 붙이게 되었습니다. 이 집합 표현법으로 $A \subset B$, $A \cup B$, $A \cap B$, $A−B$, A^c를 다음과 같이 나타냅니다.

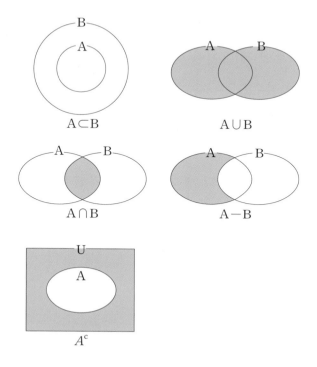

이것을 수 집합에 적용하면 다음과 같이 표현 가능하답니다.

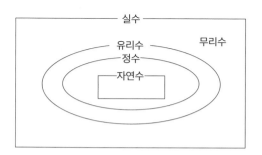

이번 시간에는 그 값이 순환하지 않는 무한소수로 표현되는 수, 즉 무리수의 예는 어떤 것들이 있는지 알아보고, 실수의 부분집합인 자연수, 정수, 유리수, 무리수 집합 사이에 성립하는 관계를 살펴보았습니다. 갑자기 집합에 대한 내용까지 다루게 되어서 힘든 점이 있었을 것 같아요. 하지만 실수를 잘 이해하기 위한 하나의 방법이라 생각하고 잘 기억해 두기 바랍니다.

❶ 실수 ┬ 유리수 ┬ 정수 ┬ 양의정수_{자연수} : $1, 2, 3, \cdots\cdots$

 │   │   ├ 0

 │   │   └ 음의 정수: $-1, -2, -3, \cdots\cdots$

 │   └ 정수가 아닌 유리수 ┬ 유한소수 : $\dfrac{1}{5}, 0.27, \cdots\cdots$

 │   └ 순환소수 : $\dfrac{2}{3}, 0.\dot{4}, \cdots\cdots$

 └ 무리수 : 순환하지 않는 무한소수 : $\pi, -\sqrt{5}, \sqrt{\dfrac{2}{3}} \cdots\cdots$

❷ R : 실수, Q : 유리수, I : 무리수, Z : 정수, N : 자연수

$N \subset Z \subset Q \subset R, I \subset R$

$N \cup Z = Z, Z \cup Q = Q, Q \cup R = R, Q \cup I = R, Q \cap I = \phi,$

$R \cap Q = Q, Q \cap Z = Z, Z \cap N = N$

$R - Q = I, R - I = Q$

❸
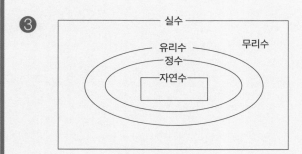

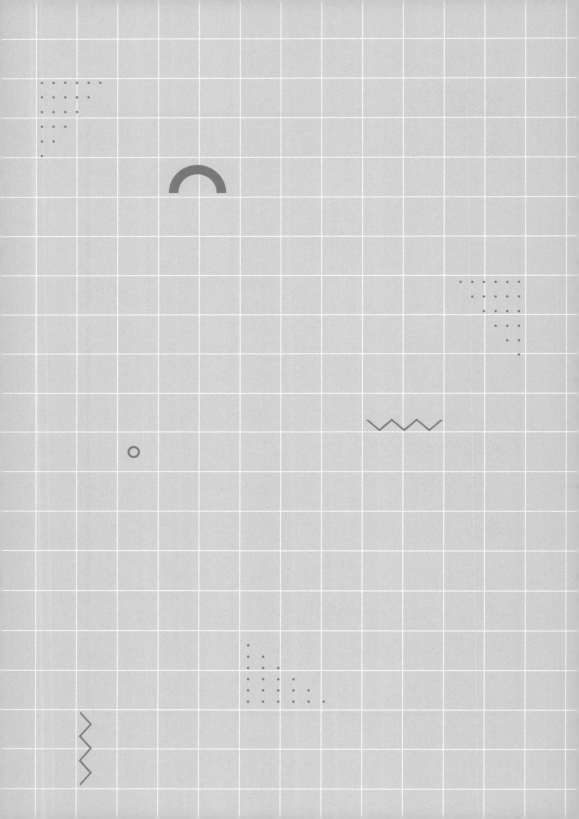

수직선과 실수

모든 양수와 0에는 제곱근이 있습니다.

1. 정사각형을 이용하여 수직선 위에 무리수를 나타낼 수 있습니다.
2. 여러 가지 방법을 이용해 실수의 대소 관계를 판단할 수 있습니다.

미리 알면 좋아요

1. 수직선 이란 직선 위의 각 점에 하나의 실수를 대응시킨 것. 수직선 위에 0 을 나타내는 점을 기준으로 왼쪽은 음수, 오른쪽은 양수를 나타내며, 수직선 의 왼쪽에서 오른쪽으로 진행할수록 점에 대응되는 실수가 커진다.

오른쪽으로 갈수록 숫자가 점점 커진다.

데데킨트의
네 번째 수업

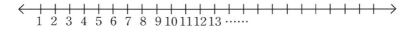

위와 같은 선을 무엇이라고 할까요? 그렇지요, 수직선입니다.
우리가 초등학교에서 맨 처음 자연수를 배울 때부터 이 수직선을
이용해 자연수를 나타내기도 했지요. 그리고 유리수도 수직선을
이용해 나타내 보았습니다. 예를 들어, $\frac{1}{3}$은 0과 1사이를 3등분
하여 그 첫 번째 위치에 나타낼 수 있고, $\frac{5}{4} = 1\frac{1}{4}$는 1과 2사이를

4등분하여 그 첫 번째 위치에 나타낼 수 있듯이 말입니다.

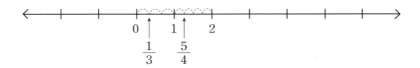

그리고 정수를 배운 뒤에는 0을 기준으로 해서 자연수와 대칭되는 위치에 자연수와 절댓값이 같은 음의 정수를 수직선 위에 나타내기도 했지요.

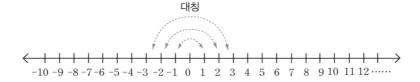

이와 같이 우리는 지금까지 수를 익힐 때 수직선을 많이 활용해 왔습니다. 정확하게 말하면 자연수, 정수를 포함한 유리수에 대응하는 점을 수직선 위에 나타내 본 것이지요. 그러나 수직선은 유리수에 대응하는 점들만으로 이루어지지는 않습니다.

그러면 유리수 외에 수직선에 나타낼 수 있는 수에는 어떤 것들이 있을지 생각해 봅시다. 지금 배우는 무리수는 어떨까요? 무리수도 자연수나 유리수, 정수와 같이 수직선 위에 대응하는 점의 위치를 잡아 표현할 수 있을까요? 만약 그렇다면 그 방법은 무엇일까요?

우리는 2교시 마지막 부분에서 제곱근을 잘 표현하는 도형이 정사각형이며, 정사각형의 한 변의 길이는 정사각형의 넓이를 나타내는 수의 양의 제곱근이라는 것을 간단히 알아보았습니다. 내용을 다시 떠올리며 수직선 위에 무리수 $\sqrt{2}$를 나타내 보도록 하지요.

먼저 $\sqrt{2} = 0 + \sqrt{2}$로 생각해 봅시다. 여기에서 0은 수직선 위의 기준점의 좌표가 되고, $\sqrt{2}$는 넓이가 2인 정사각형의 한 변의 길이로 쓰게 됩니다.

우선 수직선 위의 좌표 0을 기준점 A로 하고 A를 한 꼭짓점으로 하는 넓이가 2인 정사각형을 다음과 같이 그려 보지요. 여기에서 넓이가 2인 정사각형은 2가 4의 $\frac{1}{2}$인 것을 이용해 넓이가 4인 정사각형의 각 변의 중점을 이어서 그 넓이가 4의 $\frac{1}{2}$인 2가 되도록 하여 그릴 수 있습니다.

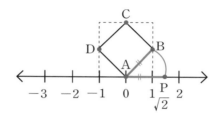

이제 위 그림에서 A를 중심으로 하고 $\overline{AB}=\sqrt{2}$를 반지름으로 하는 부채꼴을 그리면 점 P는 바로 무리수 $\sqrt{2}$를 나타내는 수직선 위의 점이 됩니다.

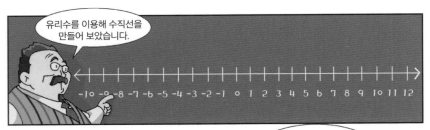

유리수를 이용해 수직선을 만들어 보았습니다.

$\sqrt{2}$를 수직선에 표시하기는 너무 어려워요

무리수는 수직선에 나타낼 수 없는 건가요?

넓이가 2인 정사각형을 이용하면 $\sqrt{2}$를 수직선 위에 표시할 수 있습니다.

아하

정사각형의 넓이가 2라면 한 변의 길이는 $\sqrt{2}$겠군요.

그림에서 A를 중심으로 하고 $\overline{AB}=\sqrt{2}$를 반지름으로 하는 부채꼴을 그리면 점 P는 바로 무리수 $\sqrt{2}$를 나타내는 수직선 위의 점이 됩니다.

이와 같이 수직선 위에 무리수에 해당하는 점을 나타내기 위한 방법은 다음과 같습니다.

첫 번째, 무리수를 기준점이 되는 유리수 부분과 무리수 부분으로 나눕니다.

두 번째, 무리수 부분에 해당하는 길이를 한 변의 길이로 하는 정사각형을 생각해 봅니다.

앞에서 그림을 그렸던 것처럼 전체 넓이가 무리수의 제곱이라는 성질을 이용해서 모눈종이에 그리면 보다 쉽게 한 변의 길이를 찾을 수 있습니다.

세 번째, 기준을 잡고 정사각형을 그린 후 부채꼴을 그려 수직선 위에 한 변의 길이를 표시합니다.

부채꼴은 반지름의 길이가 항상 같은 원의 일부분이므로 부채꼴에서도 반지름은 항상 같지요. 물론 4, 9, 16과 같은 제곱수가 아닌 2, 5, 10, 13 등이 넓이인 정사각형을 그리는 것이 쉽지만은 않습니다. 예시를 살펴보면서 천천히 익숙해지도록 합시다.

이번에는 $2-\sqrt{5}$라는 무리수에 대응하는 점을 수직선 위에 나타내 보도록 하겠습니다. 우선 수직선 위의 기준점을 유리수 부분에 해당하는 2로 합니다. 그리고 2를 한 꼭짓점으로 하는 넓이가 5인 정사각형을 다음과 같이 그립니다. 아래의 비스듬한 정사각형의 넓이가 5가 되는 것은 2교시 마지막 부분에서 다루었으니 알쏭달쏭하다면 2교시 수업 내용을 다시 참고해 보세요.

여기서 부채꼴은 다음과 같이 두 가지 모양으로 나타낼 수 있습니다. 이때 생기는 점 Q는 2에서 $\sqrt{5}$만큼 작아졌으므로 $2-\sqrt{5}$, 점 P는 2에서 $\sqrt{5}$만큼 커졌으므로 $2+\sqrt{5}$에 대응하는 점이 되지요.

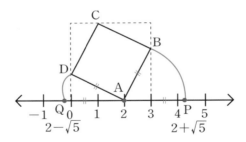

마지막으로 $1+\sqrt{10}$을 수직선 위에 나타내 볼까요? 우선 수직선 위에 기준점을 유리수 부분에 해당하는 1로 잡습니다. 그리고 수직선 위의 1에 대응하는 점을 한 꼭짓점으로 하는 넓이가 10인 정사각형을 그립니다. 즉 한 변의 길이가 $\sqrt{10}$인 정사각형이 되겠지요. 그러면 아래와 같이 $1+\sqrt{10}$을 나타내는 점 P를 찾을 수 있습니다.

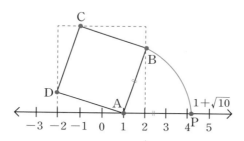

이번에는 이 과정을 반대로 하여 다음과 같은 수직선에서 정사각형 ABCD를 이용하여 점 P와 Q가 나타내는 수를 구해 보도록 합시다. 우선 곰곰이 생각해 보세요.

(1)   (2)

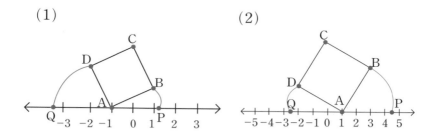

자, 이제 여러분들이 생각한 답이 맞나 확인해 볼까요?

P, Q의 좌표를 알아내려면 우선 기준점의 좌표를 확인하고 주어진 정사각형의 넓이를 구하여 한 변의 길이를 알아야 합니다.

(1)의 경우는 기준점 A의 좌표가 -1, 정사각형 ABCD의 넓이를 계산하면 $3^2 - 4 \times (\frac{1}{2} \times 1 \times 2) = 5$이므로 한 변의 길이는 $\sqrt{5}$가 되지요. A를 기준으로 점 P가 오른쪽에 있으므로 P의 좌표는 기준점 -1보다 $\sqrt{5}$만큼 큰 $-1+\sqrt{5}$, 점 Q는 A의 왼쪽에 있으므로 Q의 좌표는 -1보다 $\sqrt{5}$만큼 작은 $-1-\sqrt{5}$가 됩니다.

(2)의 경우는 기준점 A의 좌표가 1, 정사각형 ABCD의 넓이를 계산하면 $5^2 - 4 \times (\frac{1}{2} \times 3 \times 2) = 13$이므로 한 변의 길이는 $\sqrt{13}$이 되지요. A를 기준으로 점 P가 오른쪽에 있으므로 P의 좌표는 기준점 1보다 $\sqrt{13}$만큼 큰 $1+\sqrt{13}$, 점 Q는 A의 왼쪽에 있으므로 Q의 좌표는 1보다 $\sqrt{13}$만큼 작은 $1-\sqrt{13}$이 됩니다. 어때요, 조금 어렵지요? 천천히 다시 보면서 연습해 보세요.

결국 유리수 혹은 무리수, 실수는 어떤 수라도 수직선 위의 한 점에 반드시 표시할 수 있습니다. 반대로 수직선 위의 한 점은 그 위치에 대응하는 실수로 읽을 수 있습니다. 참고로 서로 다른 두 유리수 사이에는 무수히 많은 유리수가 있습니다.

예를 들어, 0과 1사이의 유리수는 $\frac{1}{2}, \frac{1}{3}, \frac{1}{4}, \frac{1}{5}, \frac{1}{6}, \cdots\cdots$ 혹은 0.1, 0.01, 0.001, 0.0001, $\cdots\cdots$과 같이 무수히 많답니다.

그리고 이러한 특징은 서로 다른 두 무리수 사이의 경우도 마찬가지입니다. 예를 들어, $\sqrt{2}$와 $\sqrt{5}$사이의 무리수는 $\sqrt{2}$의 근삿값이 약 1.414, $\sqrt{5}$의 근삿값이 약 2.236로 두 수의 차이가 0.8이 넘는 것을 이용하면 $\sqrt{2}+\frac{1}{2}, \sqrt{2}+\frac{1}{3}, \sqrt{2}+\frac{1}{4}, \sqrt{2}+\frac{1}{5}, \sqrt{2}+\frac{1}{6}$ $\cdots\cdots$ 혹은 $\sqrt{2}+0.1, \sqrt{2}+0.01, \sqrt{2}+0.001, \sqrt{2}+0.0001, \cdots\cdots$과 같이 무수히 많은 무리수를 찾을 수 있답니다. 이를 서로 다른 두 수 사이에 무수히 많은 수들이 오밀조밀하게 모여 있다 하여 유리수의 조밀성, 무리수의 조밀성이라고 부릅니다.

그리고 이러한 특징은 유리수와 무리수를 합한 실수에서도 마찬가지로 나타납니다. 하지만 유리수 혹은 무리수만으로 수직선 위를 모두 채울 수는 없습니다. 수직선 위의 한 점을 차지하는 유리수가 아무리 많다고 해도 무리수가 없으면 수직선 위에 빈자리가 남아 있을 테니까요. 이것은 무리수의 경우도 마찬가지이지요.

하지만 유리수와 무리수를 합친 실수라는 입장에서 살펴보면 어떤가요? 그렇지요. 실수로는 수직선 위의 모든 점을 다 채울 수 있습니다. 이런 성질을 실수의 연속성 = 실수의 완비성이라고 합니다. 수직선 위의 모든 점들이 빈틈없이 실수로 꽉 채워진 모습을 생각하면 되겠네요.

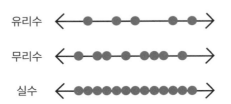

그런데 수직선의 왼쪽과 오른쪽으로 향하는 화살표 중에서 숫자들이 점점 커지는 방향으로 가는 것은 어느 것이지요? 그렇지요, 오른쪽으로 향하는 화살표입니다. 그래서 수직선 위에서 두 수의 크기를 비교할 때, 상대적으로 왼쪽에 있는 수가 작고, 오른쪽에 있는 수가 크다고 할 수 있습니다.

　아래의 그림에서 1보다 상대적으로 오른쪽에 있는 $\sqrt{2}$는 1보다 크고, −1보다 상대적으로 왼쪽에 있는 $-\sqrt{2}$는 −1보다 작지요. 지금까지 수직선을 이용해서 실수의 크기를 비교하는 것 외의 다양한 방법으로 실수의 크기를 비교하는 방법을 알아봅시다.

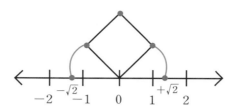

　우선 우리가 수의 크기를 정할 때 기본적으로 쓰는 관계를 정

리해 봅시다. 먼저 음수보다는 0이 크고, 0보다는 양수가 큽니다. 또한 양수끼리는 절댓값이 큰 수가 크고, 음수끼리는 절댓값이 클수록 실제 수는 작다는 것도 알아 두어야 합니다.

또한 2교시에서 넓이가 a, b인 두 정사각형이 있을 때, 정사각형의 한 변의 길이는 넓이의 양의 제곱근 $\sqrt{a}$, $\sqrt{b}$로 나타낼 수 있었던 것을 기억하지요? 이것을 바탕으로 '정사각형의 넓이가 넓을수록 정사각형의 한 변의 길이도 크다.'라는 점과 '정사각형의 한 변의 길이가 클수록 그 넓이도 크다.'는 당연한 사실을 식으로 표현하면 다음과 같은 실수의 크기의 관계를 얻을 수 있습니다.

$a > 0$, $b > 0$일 때 $a > b$이면, $\sqrt{a} > \sqrt{b}$,

$\sqrt{a} > \sqrt{b} > 0$이면 $a > b$입니다.

그러면 이와 관련해서 몇 가지 예를 들어 보겠습니다. 두 수 $\sqrt{6}$, $\sqrt{10}$에서는 $6 < 10$이므로 넓이가 각각 6, 10인 정사각형의 한 변의 길이에 해당하는 두 수 $\sqrt{6}$, $\sqrt{10}$의 대소 관계도 그와 마찬가지로 $\sqrt{6} < \sqrt{10}$이 되지요.

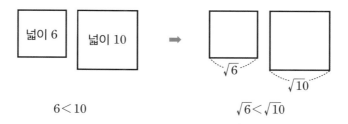

$6 < 10$ $\sqrt{6} < \sqrt{10}$

$\sqrt{\dfrac{1}{3}}, \sqrt{\dfrac{1}{4}}$ 와 같이 근호 안이 분수인 수도 이 성질을 이용하여 각각 제곱하면 $\left(\sqrt{\dfrac{1}{3}}\right)^2 = \dfrac{1}{3} > \left(\sqrt{\dfrac{1}{4}}\right)^2 = \dfrac{1}{4}$ 이므로 $\sqrt{\dfrac{1}{3}} > \sqrt{\dfrac{1}{4}}$ 이 됩니다.

반대로 $\sqrt{a} > \sqrt{10}$ 이라면 넓이가 각각 a, 10인 정사각형의 한 변의 길이에 해당하는 두 수 $\sqrt{a}$, $\sqrt{10}$ 중에 $\sqrt{a}$ 가 $\sqrt{10}$ 보다 크므로 그 넓이의 대소 관계도 이와 마찬가지로 a 가 10보다 크게 되지요.

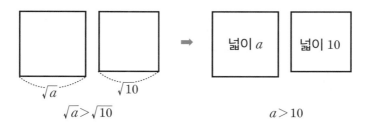

$\sqrt{a} > \sqrt{10}$ $a > 10$

그러면 $\sqrt{6}$, 3과 같이 근호가 있는 수와 근호가 없는 수의 크기는 어떻게 비교할까요? 그렇습니다. 두 양수 $\sqrt{6}$, 3의 크기는 제곱을 해도 변하지 않으므로 두 수를 제곱하여 $(\sqrt{6})^2 = 6$, $3^2 = 9$의 크기로 대신 알 수 있지요. $6 < 9$이므로 $\sqrt{6} < 3$입니다.

"헷갈리네요. $\sqrt{6}$, 3만 봤을 때는 6이 3보다 크다는 생각만 나서 $\sqrt{6}$이 3보다 크지 않을까 했는데, 그렇지도 않군요."

그렇습니다. 착각하기가 쉬운 경우이지요. 그래서 위와 같이 근호가 있는 경우와 없는 경우를 비교할 때는 특히 주의해서 양변을 제곱한 후에 비교하도록 하세요.

이제부터는 좀 더 다양한 형태의 실수의 대소 관계를 알아보도록 하겠습니다. 이를 위해 필요한 성질을 몇 가지 정리해 봅시

다. 우선 실수의 대소 관계에 대한 정의부터 살펴볼까요? 말 그대로 실수 a, b가 있을 때, 두 수의 대소 관계를 무엇으로 판단할 것인가에 대한 약속입니다. 다음과 같이 a, b의 차 $a-b$가 0보다 큰지, 같은지, 작은지에 따라 a, b의 대소 관계가 결정됩니다.

$a-b>0$이면 $a>b$

$a-b=0$이면 $a=b$

$a-b<0$이면 $a<b$

'두 수를 살펴봐서 큰 수가 큰 것이지 뭐 이렇게 복잡하게 생각하지?'라고 생각하며 불만인 학생도 있을 것입니다. 수학은 이렇게 딱 보면 알 수 있는 것까지 흔히 직관적인 것이라고 하지요? 정의를 세워 발전시키려고 노력한 학문이라는 것을 꼭 알아주세요.

2와 $\sqrt{7}-1$의 대소 관계를 비교해 보도록 하겠습니다. 여러분들 대부분이 이 두 수를 딱 보고 어떤 수가 더 큰 수인지 한번에 알기가 쉽지 않을 것입니다. 이럴 때 방금 정리한 실수의 대소 관계 정의를 이용하면 되겠지요. 정의에 따라 두 수의 대소 관계를 알려면 결국 두 수의 차를 구해야 합니다.

$$a-b=2-(\sqrt{7}-1)=2-\sqrt{7}+1=3-\sqrt{7}=\sqrt{9}-\sqrt{7}>0$$

$3=\sqrt{9}$인 것, 모두 알지요?이므로 $a>b$, 즉 $2>\sqrt{7}-1$이 되겠군요.

$3-\sqrt{10}$, -1의 대소 관계도 한번 알아볼까요? 역시 한눈에 봐서 어느 쪽이 큰지 알기 어렵지요? 하지만 두 수의 차를 구해 보면 $3-\sqrt{10}-(-1)=4-\sqrt{10}=\sqrt{16}-\sqrt{10}>0$ $4=\sqrt{16}$이므로, 두 수의 대소 관계는 $3-\sqrt{10}>-1$이 되는군요.

이번에는 부등식의 성질을 알아봅시다. 바로 부등식 $a>b$에서 양변에 같은 값 c를 더하거나 빼도 여전히 부등호의 방향은 바뀌지 않는다는 성질인데요, 이것을 수식으로 표현하면 다음과 같습니다.

$a>b$일 때, $a+c>b+c$, $a-c>b-c$

이 성질을 이용하면 $4-\sqrt{2}$와 $\sqrt{10}-\sqrt{2}$와 같이 복잡한 실수의 대소를 비교할 수 있습니다.

두 수를 잘 살펴보면 $-\sqrt{2}$가 두 수에 공통으로 들어 있습니다. 그러므로 $-\sqrt{2}$는 신경 쓰지 말고 두 수에서 공통이 아닌 다른 부분인 4와 $\sqrt{10}$의 크기만 비교하면 두 수의 대소를 알 수 있습니다. 두 학생이 중국어, 영어 시험을 모두 치렀는데 중국어 성적이 같다면 영어 성적을 비교해야 어느 학생이 전체적으로 더 잘 봤는지 알 수 있듯이 말입니다.

그런데 4와 $\sqrt{10}$에서 10이 4보다 크니까 $\sqrt{10}$이 더 큰 수인가요? 아니죠. 근호가 있는 수와 없는 수를 바로 비교하면 근호의 유무 때문에 공평하지 않잖아요? 그래서 양변을 제곱해서 두 수의 균형을 맞춰 주기로 했지요. $4^2=16$, $\sqrt{10^2}=10$이므로 $4>\sqrt{10}$이군요. 결국 $4-\sqrt{2}$와 $\sqrt{10}-\sqrt{2}$의 크기도 $4-\sqrt{2}>\sqrt{10}-\sqrt{2}$라는 것을 알 수 있었습니다.

그러면 지금 익힌 방법을 다음 실수의 대소 관계를 파악하는 문제에 응용해 볼까요?

예제

(1) $\sqrt{5}-2, \sqrt{5}-1$

(2) $\sqrt{8}-\sqrt{5}, 3-\sqrt{5}$

(3) $7-\sqrt{5}, 5$

(4) $\sqrt{5}+2, \sqrt{26}$

배우자마자 푸는 문제라 조금 힘들 수도 있을 것입니다. 하지만 두 수에서 공통인 부분은 신경 쓰지 말고 공통이 아닌 부분만 비교하면 된다는 것을 잊지 마세요.

그러면 (1)은 $-2 < -1$이므로 답은 $\sqrt{5}-2 < \sqrt{5}-1$이고 (2)는 $\sqrt{8} < 3$이므로 양변을 제곱하면 $8<9$가 되니까요 답은 $\sqrt{8}-\sqrt{5} < 3-\sqrt{5}$가 됩니다.

(3)은 공통인 부분은 없지만 처음에 배운 실수의 대소 관계 정의에 따라 두 수의 차를 구해 보면 $(7-\sqrt{5})-5 = 2-\sqrt{5} = \sqrt{4}-\sqrt{5} < 0$ $2=\sqrt{4}$인 것은 알고 있지요? 이므로 $7-\sqrt{5} < 5$가 되겠지요.

그런데 여러분, (4)의 답은 알아냈나요? 두 수에 공통인 부분도 없고, 두 수의 차를 구해 봐도 대소 관계를 구하기가 쉽지 않아서 당황했을 텐데요, (4)의 답을 알기 위해서는 $\sqrt{5}$, $\sqrt{26}$과 같은 무리수의 근삿값이 약 2.×××, 5.×××라는 것을 알 필요가 있어요. 아직은 알기 어려운 문제였지요. 그래서 이번 시간에는 수직선에서 알아볼 수 있는 실수의 대소 관계에 만족하기로 하고, 다음 시간부터 무리수의 근삿값에 대해 알아보도록 합시다.

그럼 여러분 안녕.

❶ 주어진 무리수가 예를 들어, $3+\sqrt{5}$라면

① 유리수에 해당하는 3을 수직선 위에 나타내어 기준점으로 표시하고,

② 기준점을 한 꼭짓점으로 지나는 넓이가 5인 정사각형을 좌표평면 위에 그립니다.

③ 정사각형의 한 변의 길이가 $\sqrt{5}$인 것을 이용하여 기준점 3에서 $\sqrt{5}$만큼 큰 수 $3+\sqrt{5}$를 수직선 위에 나타낼 수 있습니다.

❷ 다음 주어진 실수의 대소 관계를 파악해 봅시다.

① $\sqrt{5}-2, \sqrt{5}-1$

② $\sqrt{8}-\sqrt{5}, 3-\sqrt{5}$

③ $7-\sqrt{5}, 5$

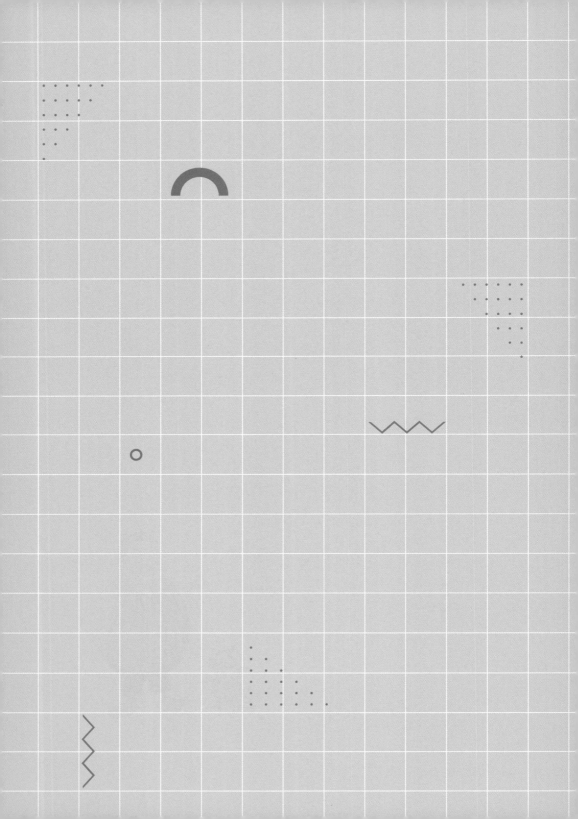

제곱근의
근삿값

실수에는 유리수와 무리수가,
유리수에는 정수와 정수가 아닌 유리수가,
정수에는 양의 정수와 0, 음의 정수가 있습니다.

1. 완전 제곱수를 이용하여 제곱근의 근삿값을 정수 부분까지 구할 수 있습니다.
2. 제곱근표를 이용하여 제곱근의 근삿값을 구할 수 있습니다.

미리 알면 좋아요

1. 근삿값 참값은 아니지만 참값에 가까운 값을 참값에 대한 근삿값이라고 합니다.

예) 대표적인 근삿값으로 측정하여 얻은 값인 키나 몸무게 등이 있습니다.

▷ 작년보다 올해 키가 5cm, 몸무게가 3kg 늘었습니다.

대표적인 참값의 예로는 하나하나씩 개수를 세는 경우를 들 수 있습니다.

▷ 우리 가족은 4명이고, 우리 학교에는 모두 30개의 학급이 있습니다.

2 오차 근삿값에서 참값을 뺀 것으로, 참값보다 근삿값이 얼마나 큰지 또는 작은지 알려 주는 값. 또한 오차의 절댓값이 작을수록 근삿값이 참값에 가까운 것이므로 정확한 근삿값이라고 할 수 있습니다.

예) ① 참값이 158.2cm, 근삿값이 160cm이면 오차는 근삿값에서 참값을 빼서 $160 - 158.2 = 1.8$cm, 즉 근삿값이 참값보다 1.8cm 큰 것을 알 수 있습니다.

② 참값이 158.2cm, 근삿값이 158cm이면 오차는 $158 - 158.2 = -0.2$cm, 즉 근삿값이 참값보다 0.2cm 작은 것을 알 수 있습니다. 또한 첫 번째 경우의 오차 1.8보다 두 번째 경우의 오차 -0.2의 절댓값이 작으므로 두 번째 경우의 근삿값이 참값에 가까운 더 정확한 근삿값이 됩니다.

데데킨트의
다섯 번째 수업

지난번 마지막 예제 (4) $\sqrt{5}+2$, $\sqrt{26}$의 대소 관계에 대한 답을 구하지 못해 찜찜했던 학생들은 이번 시간을 기다렸을 것 같네요. 자, 이번 시간에는 제곱근의 근삿값에 대해 알아보려고 합니다. $\sqrt{5}$가 비록 무리수라 하더라도 엄연히 실수이며, 넓이가 5인 정사각형의 한 변의 길이이므로 수직선 위에 $\sqrt{5}$에 대응하는 한 점을 찾을 수 있을 겁니다.

그러면 $\sqrt{5}$는 과연 어떤 정수 사이에 있을까요? 예를 들어 $\dfrac{5}{3}$

는 $\dfrac{3}{3} < \dfrac{5}{3} < \dfrac{6}{3}$, 즉 $1 < \dfrac{5}{3} < 2$이므로 $\dfrac{5}{3}$의 근삿값이 약 $1.\times\times\times$ 라는 것을 알 수 있습니다. 사실, 유리수 $\dfrac{5}{3}$는 나눗셈을 통해 $5 \div 3 = 1.666\cdots$인 것을 쉽게 알 수 있지만 무리수는 그렇지 않지요.

하지만 지난 시간에 실수의 대소 비교에서 이용한 성질 '$a > 0$, $b > 0$일 때 $a > b$이면 $\sqrt{a} > \sqrt{b}$, $\sqrt{a} > \sqrt{b}$이면 $a > b$'를 기억하고 있다면 쉽게 해결할 수 있습니다. $\sqrt{5}$를 제곱한 수인 5를 이용하는 거지요. 5보다 작은 4와 5보다 큰 9를 떠올리면 $4 < 5 < 9$이므로 그 제곱근의 대소 관계도 마찬가지로 $\sqrt{4} < \sqrt{5} < \sqrt{9}$, 즉 $2 < \sqrt{5} < 3$이 됩니다. 결국 $\sqrt{5} = 2.\times\times\times$인 것을 알 수 있지요.

그럼, 여기서 질문을 한 가지 하겠습니다. 처음에 5라는 수를 중심으로 다른 수들을 떠올릴 때 5보다 작은 4를 떠올린 것은 이해가 되지만, 왜 5보다 큰 수로 6이 아닌 9를 떠올렸을까요?

"6을 근호를 씌우면 $\sqrt{6}$이 되서 그 크기를 쉽게 짐작할 수 없잖아요. 9같이 3^2인 자연수의 제곱수를 떠올려야 근호를 씌워도 3과 같은 자연수가 되니까 편리해서 썼나 봐요."

그렇지요, 이와 같이 5를 중심으로 다른 수들을 떠올릴 때는 단순히 5보다 작은 수, 큰 수를 떠올리는 것보다 5보다 작은 제곱수, 5보다 큰 제곱수를 떠올려야 합니다. 그러면 이 기회에 자연수의 제곱수에는 어떤 것이 있나 순서대로 정리해 보지요.

$$1^2 = 1, 2^2 = 4, 3^2 = 9, 4^2 = 16, 5^2 = 25,$$
$$6^2 = 36, 7^2 = 49, 8^2 = 64, 9^2 = 81, 10^2 = 100$$

사실 $2^2 = 2 \times 2 = 4$부터 $9^2 = 9 \times 9 = 81$까지는 구구단의 일부이므로 $9^2 = 18$과 같은 실수를 하지 않도록 주의를 기울인다면 곧 익숙해질 겁니다. 하지만 그 이상의 수들이 당장 익숙해지기는 어려울 거예요. 하지만 이번 기회에 10보다 큰 수의 제곱수들도 익숙해지도록 노력해 보지요.

$$11^2 = 121, 12^2 = 144, 13^2 = 169, 14^2 = 196, 15^2 = 225,$$
$$16^2 = 256, 17^2 = 289, 18^2 = 324, 19^2 = 361, 20^2 = 400,$$
$$21^2 = 441, \cdots\cdots, 25^2 = 625, \cdots\cdots$$

"으아악, 머리가 터질 것 같아요. 데데킨트 선생님, 이런 큰 수들의 제곱수도 전부 외워야 하나요?"

글쎄요, 외우면 숫자를 계산할 때 큰 도움이 되지요, 하지만 진짜 머리가 터져 버리면 안되는데. 하하하. 구구단을 외우는 게 처음부터 쉽지는 않잖아요. 오래전에 여러분이 구구단을 처음 외울 때도 지금과 마찬가지로 힘들었을 겁니다. 제곱수도 큰 수를 외우려고 하면 머리가 아프겠지만 익숙해지면 구구단처럼 편해진답니다. 구구단처럼 1의 제곱은 1, 2의 제곱은 4,……, 9의 제곱은 81,……, 12의 제곱은 144,…… 이렇게 외워 나가기 시작하면 어느샌가 머릿속에 자리 잡게 될 걸요.

자, 제곱수를 처음부터 완벽하게 외우려고 하지 말고 천천히 익혀 나가도록 합시다. 까먹으면 다시 보고 외우면 되니까요. 지금 중요한 것은 위와 같은 자연수의 제곱수를 이용해 제곱근의 근삿값을 구하는 것입니다.

"맞아요, 데데킨트 선생님. 이제 $\sqrt{5}+2$, $\sqrt{26}$ 중 어느 것이 더 큰 수인지 알아봐요."

그러기 위해서 $\sqrt{5}$의 근삿값을 마저 구해야겠지요? $\sqrt{5}$의 제곱인 5에 가장 가까운 제곱수는 $2^2=4$와 $3^2=9$, 즉 $2^2<(\sqrt{5})^2$ $<3^2$이므로 $2<\sqrt{5}<3$는 2.×××이지요. 그러면 $\sqrt{5}+2=4.\times$ ××입니다. 그런데 $\sqrt{26}$의 제곱인 26에 가장 가까운 제곱수는 $5^2=25$와 $6^2=36$이므로 $\sqrt{26}$은 5.×××이지요. 결국 $\sqrt{5}+2$보다 $\sqrt{26}$이 더 크군요.

"그렇군요. 그러면 이제 어떤 제곱근의 근삿값이라도 정수 부분 정도는 알아낼 수 있겠네요. $\sqrt{35}$는 35에 가까운 제곱수 $5^2=25$, $6^2=36$을 떠올리면 약 5.×××, $\sqrt{109}$는 109에 가까운 제곱수 $10^2=100$, $11^2=121$을 떠올리면 약 10.×××. 이렇게 그 수에 가까운 제곱수를 떠올리면 된다, 이 말씀이죠?"

그렇지요, 당장은 조금 어색할지 몰라도 다음과 같은 제곱근 의 근삿값을 시험 삼아 알아보면서 이런 방법에 능숙해질 수 있을 겁니다. 자, 그럼 연습을 한번 해 보세요.

예제

(1) $\sqrt{79}$

(2) $\sqrt{17}$

(3) $\sqrt{103}$

(4) $\sqrt{10}$

(5) $\sqrt{60}$

그럼 정답을 확인해 볼까요?

(1) $8^2 < (\sqrt{79})^2 < 9^2$ 이므로 $\sqrt{79} = 8.\times\times\times$

(2) $4^2 < (\sqrt{17})^2 < 5^2$ 이므로 $\sqrt{17} = 4.\times\times\times$

(3) $10^2 < (\sqrt{103})^2 < 11^2$ 이므로 $\sqrt{103} = 10.\times\times\times$

(4) $3^2 < (\sqrt{10})^2 < 4^2$ 이므로 $\sqrt{10} = 3.\times\times\times$

(5) $7^2 < (\sqrt{60})^2 < 8^2$ 이므로 $\sqrt{60} = 7.\times\times\times$

"데데킨트 선생님, 제곱근의 근삿값을 더 자세하게 알아볼 수는 없나요? 이제 제 눈높이로는 $\sqrt{5} = 2.\times\times\times$과 같이 무리수의 정수 부분만 알아가지고는 성이 안 차는걸요."

하하하, 나날이 수학에 대한 자신감이 늘어 가는군요. 물론 제곱근의 근삿값을 더 정확하게 알 수는 있지요. 예를 들어 $\sqrt{5}=2.\times\times\times$일 때, 소수 첫째 자리까지 알고 싶다면 $2.0^2=4.00$, $2.1^2=4.41$, $2.2^2=4.84$, $2.3^2=5.29$, $2.4^2=5.76$,······처럼 소수 첫째 자리까지 자세히 나누어 제곱수를 구해 보세요. 그 중에 5에 가까운 두 제곱수가 $2.2^2=4.84$, $2.3^2=5.29$이므로, $2.2^2<(\sqrt{5})^2<2.3^2$이 되어 $\sqrt{5}=2.2\times\times$이 되지요.

"아, 제곱근의 정수 부분을 구하는 방법과 원리는 같네요. 하지만 소수 첫째 자리까지 있는 수를 모두 제곱해 보는 것은 너무 복잡한 것 같아요. 다른 좋은 방법이 없을까요?"

계산기를 쓰면 가장 간단하지요. 시중에 나오는 계산기의 $\sqrt{}$, 또는 제곱근을 의미하는 square root의 줄임말인 sqrt 기호만 누르면 간단하게 계산이 되니까요.

계산기가 없을 때 일일이 제곱근의 근삿값을 구하려면 복잡합니다. 이때 표를 이용하면 좀 더 편하게 답을 구할 수 있습니다. 바로 제곱근표인데요. 1.00부터 99.9까지 수의 제곱근의 근삿값을 일일이 표로 정리해 놓은 것이지요. 이 표만 보면 제곱근의 근삿값을 반올림해서 소수 셋째 자리까지 바로 알 수 있답니다.

아래의 표는 제곱근표의 일부분이에요. 어두운 세로줄과 가로줄을 연결해서 만들어지는 수의 제곱근의 근삿값을 알 수 있습니다. 예를 들어, 어두운 세로줄의 3.8이라는 숫자 뒤에 어두운 가로줄의 5라는 숫자를 붙이면 3.85라는 수가 만들어집니다. 이 제곱근표를 이용하면 3.85의 제곱근의 근삿값을 알 수 있는 것이죠. 3.8과 5를 연결하여 만나는 칸의 1.962가 바로 $\sqrt{3.85}$의 근삿값이 됩니다.

수	0	1	2	3	4	5	6	7	8	9
3.6	1.897	1.900	1.903	1.905	1.908	1.910	1.913	1.916	1.918	1.921
3.7	1.924	1.926	1.929	1.931	1.934	1.936	1.939	1.942	1.944	1.947
3.8	1.949	1.952	1.954	1.957	1.960	1.962	1.965	1.967	1.970	1.972
3.9	1.975	1.977	1.980	1.982	1.985	1.987	1.990	1.992	1.995	1.997
4.0	2.000	2.002	2.005	2.007	2.010	2.012	2.015	2.017	2.020	2.022

"그럼 이 표를 이용해서 작게는 3.60에서 크게는 4.09까지의 제곱근의 근삿값을 알 수 있는 거네요."

그렇지요. 표를 이용한 또 다른 예를 볼게요. 4.00의 제곱근의 근삿값으로 2.000이 나옵니다. 그런데 우리는 이미 $\sqrt{4}=2$

인 것을 알고 있지요. 이와 같이 제곱근표를 확인해 보면 우리에게 이미 익숙한 제곱근의 값도 찾아볼 수 있답니다.

"하지만 선생님, 계산기나 제곱근표를 이용하지 않고 직접 제곱근의 근삿값을 구할 수는 없나요? 처음에 말씀하신 $2.0^2 = 4.00$, $2.1^2 = 4.41$, $2.2^2 = 4.84$, $2.3^2 = 5.29$, $2.4^2 = 5.76$, ……같이 복잡한 계산을 일일이 하는 거 말고요."

사실 $\sqrt{5}$와 같은 무리수는 분명히 존재하지만 실생활에서 쓰일 때 그 크기가 얼마나 되는지 알기는 어렵습니다. $\sqrt{5} = 2.236\cdots\cdots$과 같이 무리수의 근삿값을 구하려는 노력은 오래전부터 이루어져 왔습니다. 그리고 그런 방법의 원리 중 대부분은 다음과 같지요.

예를 들어, $\sqrt{5}$와 같이 소수점 이하가 순환하지 않는 무한소수로 나타나는 무리수의 근삿값을 유한소수 형태로 구한다고 해 보지요. 제곱해서 5가 되는 유한소수를 계속 구하되 구하는 유한소수의 제곱수와 $\sqrt{5}$의 제곱수인 5와의 차이, 즉 오차를 줄여 나가는 방법으로 반복적으로 근삿값을 구하는 것입니다. 반복을 계속하면 할수록 제곱근의 근삿값을 유한소수 형태로 더 정확하게 구할 수 있겠지요.

이 원리를 설명할 때는 대부분 미지수 x와 그 제곱인 x^2, 즉 이차방정식❺의 개념이 쓰입니다. 그런 원리로 탄생한 제곱근의 풀이법은 방법 자체는 간단하지만 그 원리를 이해하기는 어렵기 때문에 여기서는 생략하도록 하겠습니다. 그래도 정말 제곱근의 풀이법에 대해 꼭 알고 싶은 학생이 있다면 단순히 그 방법뿐만 아니라 원리까지도 함께 노력해서 알아보길 바랍니다. 이 부분은 통과.

"정말 쉬운 제곱근 풀이법은 없나요?"

조선 시대 19세기 유학자 홍길주가 소개하는 방법은 원리를 이해하기는 힘들어도 방법 자체는 초등학생도 시도할 수 있을 정도로 간단하답니다.

그 방법은 먼저 구하고자 하는 수를 반으로 나누고, 나눈 값을 1부터 오름차순으로 빼는 것입니다. 홍길주의 방법으로 16의 제곱근을 구하는 경우 반으로 나눈 값 8에서 1을 빼고, 남은 값 7에서 2를 빼는 것이지요. 그렇게 해서 결과가 음수가 되어 더 이상 뺄 수 없을 때까지 반복한 끝에 남은 수를 2배한 뒤 그 수가 뺄 수와 같으면 제곱근이라는 것입니다.

16의 경우 7에서 2를 빼서 나온 5에서 3을 빼면 2가 되고, 4를 뺄 차례이지만 더 이상 빼면 음수가 되므로 이 마지막 숫자 2를 2배한 수 4가 뺄 수인 4와 같으므로 16의 제곱근은 4인 것이지요.

16의 제곱근 구하기

① 2로 나눈다. / $16 \div 2 = 8$

② 1을 뺀다. / $8 - 1 = 7$

③ 2를 뺀다. / $7 - 2 = 5$

④ 3을 뺀다. / $5 - 3 = 2$

⑤ 4를 빼면 음수가 되므로 마지막 수 2를 2배한 후 4를 뺀다.
/ $2 \times 2 - 4 = 0$

결과가 0이므로 16의 제곱근은 4이다.

"하지만 데데킨트 선생님, 16 같은 제곱수는 구구단만 잘 외워도 그 양의 제곱근이 4라는 걸 알 수 있잖아요. 그런데 10 같은 수의 양의 제곱근은 무리수인데 이런 문제도 같은 방식으로 풀 수 있나요?"

물론 10의 제곱근은 무리수이므로 아쉽게도 16의 제곱근과 같이 간단하게는 구할 수 없습니다. 그래도 10의 제곱근에 대한 어느 정도의 정보를 얻을 수는 있습니다. 한번 홍길주의 방법을 10에 적용해 볼까요?

10을 반으로 나눈 값 5에서 1을 빼고, 남은 값 4에서 2를 뺍니다. 남은 값 2에서 3을 뺄 차례이지만 더 이상 뺄 수는 없지요. 이때 마지막 숫자 2를 2배한 수 4가 뺄 수인 3과 다르므로 10의 제곱근을 정확하게 알 수는 없습니다. 하지만 마지막 2를 2배한 수 4보다 뺄 수인 3이 작다는 사실을 이용하면 10의 제곱근은 3으로 시작하는 것을 알 수 있습니다. 즉 $\sqrt{10} = 3.\times\times\times$ 입니다.

① 2로 나눈다. / $10 \div 2 = 5$

② 1을 뺀다. / $5 - 1 = 4$

③ 2를 뺀다. / $4 - 2 = 2$

④ 3을 빼면 음수가 되므로 마지막 수 2를 2배한 후 3을 뺀다. / 결과가 0보다 크므로 10의 제곱근은 3.×××이다.

물론 $\sqrt{10}$ 의 정수 부분은 우리가 5교시 처음 부분에서 배운 방법으로도 쉽게 구할 수 있습니다. 그런데 홍길주의 제곱근 구하는 방법은 정말 간단한 셈으로 제곱근을 구한다는 점에서

신기하지요. 이런 간단한 셈으로 어떻게 제곱근을 구하는 것인지 그 원리를 살펴보는 것도 흥미로운 일일 것 같네요. 여러분 중에 증명에 관심이 많은 학생은 홍길주의 제곱근 구하는 원리의 증명에 한번 도전해 보시기 바랍니다. 단, 쉽지만은 않을 테니 각오는 단단히 하시고요.

자, 이번 시간에는 제곱근의 근삿값에 대해 여러 가지 방법으로 알아봤는데요, 어려웠던 부분은 마음을 편히 먹고 다시 한번 읽어 보세요. 한결 나아질 겁니다. 힘내세요!

수업 정리

❶ $\sqrt{5}$의 근삿값을 정수 부분까지 구하기 위해서

① $\sqrt{5}$의 제곱수인 5보다 작은 완전제곱수 $4=2^2$와 5보다 큰 완전제곱수인 $9=3^2$를 떠올립니다.

② $2^2<\sqrt{5^2}<3^2$이므로 $2<\sqrt{5}<3$ 즉, $\sqrt{5}=2.\times\times\times$입니다.

❷ 제곱근표에서 4.05의 제곱근의 근삿값을 알기 위해서

① 4.05의 4.0을 세로줄에서 찾고, 5를 가로줄에서 찾아

② 두 줄이 만나는 곳에 위치한 값 2.012가 4.05의 제곱근의 근삿값입니다.

수	0	1	2	3	4	5	6	7	8	9
3.6	1.897	1.900	1.903	1.905	1.908	1.910	1.913	1.916	1.918	1.921
3.7	1.924	1.926	1.929	1.931	1.934	1.936	1.939	1.942	1.944	1.947
3.8	1.949	1.952	1.954	1.957	1.960	1.962	1.965	1.967	1.970	1.972
3.9	1.975	1.977	1.980	1.982	1.985	1.987	1.990	1.992	1.995	1.997
4.0	2.000	2.002	2.005	2.007	2.010	2.012	2.015	2.017	2.020	2.022

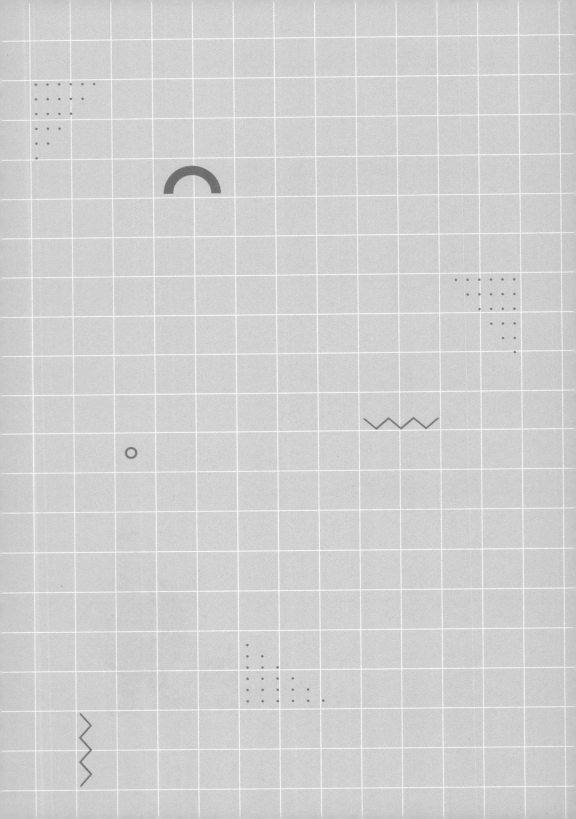

무리수의 사칙 연산
곱셈과 나눗셈

실수와 자연수의 크기를 비교할 때에는
각 수를 제곱해서 그 값을 비교합니다.

1. 무리수의 곱셈 규칙에 맞게 곱셈을 계산할 수 있습니다.
2. 무리수의 나눗셈 규칙에 맞게 나눗셈을 계산할 수 있습니다.

미리 알면 좋아요

1. 약분 분수의 분모와 분자를 그 공약수로 나누어 분수의 값은 변화시키지 않은 채 분수를 간단히 하는 것

예) $\dfrac{15}{10} = \dfrac{5 \times 3}{5 \times 2} = \dfrac{3}{2}$, $\dfrac{18}{12} = \dfrac{2 \times 9}{2 \times 6} = \dfrac{9}{6} = \dfrac{3 \times 3}{3 \times 2} = \dfrac{3}{2}$

2. 기약분수 분수를 약분하여 더 이상 약분되지 않을 때, 그 분수를 기약분수라고 한다. 이때, 기약분수의 분모와 분자는 1 이외의 공약수를 가지지 않으므로 분모와 분자는 서로소인 관계이다.
$\dfrac{18}{12} = \dfrac{2 \times 9}{2 \times 6} = \dfrac{9}{6} = \dfrac{3 \times 3}{3 \times 2} = \dfrac{3}{2}$에서 $\dfrac{18}{12}$이나 $\dfrac{9}{6}$는 약분을 할 수 있으므로 기약분수가 아니고, $\dfrac{3}{2}$이 기약분수이다. 이때 분자인 3과 분모인 2가 서로소인 것을 확인할 수 있다.

3. 소인수분해 소인수분해는 자연수를 소수의 곱으로 나타내는 것.
소수란 2, 3, 5, 7, 11 ……과 같이 그 약수가 1과 자기 자신으로만 구성되어 총 2개의 약수를 가지는 수. 주어진 수의 약수인 적당한 소수를 찾아서_{잘 발견} 되지 않는다면 작은 소수부터 차례로 확인해 보자. 차근차근 나누다 보면 자연수를 소인수 분해 할 수 있다.
예) $12 = 2^2 \times 3$, $15 = 3 \times 5$, $90 = 2 \times 3^2 \times 5$

데데킨트의
여섯 번째 수업

 우리는 자연수의 곱셈을 쉽게 할 수 있습니다. 3×5 같은 경우 구구단을 떠올리면 15라는 답이 바로 나오지요. 15×12 같은 경우에도 종이에 직접 계산하여 그 값이 180인 것을 알 수 있고요. 정수의 곱셈도 음수와 음수의 곱셈은 양수가 되고, 음수와 양수의 곱셈은 음수가 된다는 규칙을 적용하면 자연수의 곱셈과 별반 다르지 않습니다. 유리수의 곱셈은 분수 형태로 통일해서 분모는 분모끼리, 분자는 분자끼리 곱하고, 분자와 분모에 공약수가 있으면 약분이 된다는 규칙을 적용하면 역시 계산할 수 있지요.

그러면 무리수는 어떨까요? 지금까지와 별반 다르지 않을까요?

그 대답은 여러분에게 달려 있습니다. 여러분이 무리수의 곱셈에서 사용하는 규칙을 잘 익힌다면 지금까지 자연수나 정수, 유리수의 곱셈을 능숙하게 해 왔던 것처럼 무리수의 곱셈도 잘할 수 있겠지요.

그러면 무리수의 곱셈에는 어떤 규칙이 있는지 알아볼까요?

먼저 대부분 제곱근 형태로 나타나는 무리수의 경우 제곱근끼리 곱할 때에는 근호 안의 수끼리 곱해야 합니다. 즉

$$\sqrt{a} \times \sqrt{b} = \sqrt{a}\sqrt{b} = \sqrt{ab}$$

이때 당연히 근호 $\sqrt{}$ 안의 수 a, b는 0보다 크거나 같은 수여야 하지요. 편의상 0일 때는 생략하고 $a > 0, b > 0$이라고 합시다. 그리고 $\sqrt{}$ 사이의 곱셈 기호 $\times$는 생략 가능하답니다. 중학교 1학년 때 배우는 문자끼리의 곱셈에서 $a \times b = ab$와 같이 $\times$를 생략하는 것처럼 말이지요. 쓰던 것을 갑자기 생략하려니 낯설게 느껴지겠지만 편의상 그런 것이므로 적용하면 도움이 될 겁니다.

위의 규칙을 적용해 봅시다.

예를 들어, $\sqrt{3}\sqrt{7} = \sqrt{3 \times 7} = \sqrt{21}$입니다.

세 개 이상의 제곱근을 곱할 때에도 근호 안의 수끼리 곱하면 됩니다.

$$\sqrt{3}\sqrt{7}\sqrt{2} = \sqrt{3 \times 7}\sqrt{2} = \sqrt{3 \times 7 \times 2} = \sqrt{42}$$

"아하, 제곱근끼리는 $\sqrt{}$ 안의 숫자끼리 마음 편하게 곱하고 $\sqrt{}$만 다시 붙이면 된다. 이렇게 생각하면 되지요?"

방법이야 그렇지만 이 간단한 규칙도 이유를 설명할 수 있으면 이해가 더 빠르겠지요. 두 수 $\sqrt{a}\sqrt{b}$와 $\sqrt{ab}$가 같은 이유는,

두 수 모두 ab의 양의 제곱근이라는 데에 있습니다. ab의 양의 제곱근은 단 1개만 존재하는데 두 수 $\sqrt{a}\sqrt{b}$, $\sqrt{ab}$ 모두 제곱을 해 보면 ab가 되므로 ab의 양의 제곱근이 맞거든요.

$(\sqrt{a}\sqrt{b})^2 = \sqrt{a}\sqrt{b} \times \sqrt{a}\sqrt{b} = (\sqrt{a})^2(\sqrt{b})^2 = ab$이고, $(\sqrt{ab})^2 = \sqrt{ab}\sqrt{ab} = ab$이므로 두 수는 겉으로 보이는 형태는 다르더라도 같은 값을 가지는 수인 것이지요.

"이번에는 간단해서 좋네요, 그럼 이번 강의는 끝이지요?"

아쉽게도 아직 끝나지는 않았어요. $\sqrt{4} = \sqrt{2^2} = 2$, $\sqrt{36} = \sqrt{6^2} = 6$과 같이 제곱수는 근호 없이 표현할 수 있었던 것 기억하지요? 이 성질은 제곱수는 아니지만 소인수분해를 통해 제곱수를 인수로 가지는 다른 수에 적용할 수 있어요.

예를 들어, 12는 제곱수는 아니지만 소인수분해를 하면 $12 = 2^2 \times 3$으로 $2^2 = 4$라는 인수를 가지고 있지요. 그래서 $\sqrt{12} = \sqrt{2^2 \times 3} = 2\sqrt{3}$으로 변형해야 합니다. 마치 분수를 약분해서 더 작은 수로 표현하듯이 $\sqrt{12}$도 더 작은 수로 간단히 표현하는 것이죠. 그러려면 소인수분해를 잘해야겠지요?

"소인수분해가 뭔지 까먹었는걸요."

소인수분해는 자연수를 소수의 곱으로 나타내는 것이에요.

소수란 2, 3, 5, 7, 11 ……과 같이 그 약수가 1과 자기 자신으로만 구성되어 총 2개의 약수를 가지는 수입니다. 주어진 수의 약수인 적당한 소수를 찾아서 차근차근 나누다 보면 소인수분해가 된답니다. 한 예로 18을 소인수분해 해 보지요.

$$
\begin{array}{r}
2) \underline{18} \\
3) \underline{9} \\
3
\end{array}
$$

이렇게 소인수분해를 통해 $18 = 2 \times 3^2$인 것을 알아내었죠. 여기서 제곱수 형태인 3^2에 주목해 보세요. 그러면 $\sqrt{18} = \sqrt{2 \times 3^2}$ $= 3\sqrt{2}$로 변형할 수 있습니다. 이 내용을 정리하면 다음과 같습니다.

$$
\sqrt{a^2 b} = a\sqrt{b} \quad (a > 0, b > 0)
$$

물론 이 성질을 거꾸로 이용하면 $3\sqrt{2}=\sqrt{3^2\times2}=\sqrt{9\times2}=\sqrt{18}$ 인 것을 알아낼 수도 있습니다. 근호 안에 있는 제곱인 인수는 근호 밖으로 나오도록 정리하는 것이 원칙이지만 때로는 이 성질을 거꾸로 이용해 근호 밖의 양수를 제곱해서 근호 안으로 들어가게 할 수도 있는 것이지요.

"최대한 간단하게 하는 게 경제적인데 굳이 $3\sqrt{2}=\sqrt{3^2\times2}=\sqrt{9\times2}=\sqrt{18}$로 바꿀 필요가 있나요?"

예를 들어, $3\sqrt{2}$의 근삿값을 알고 싶을 때 필요하겠지요. $3\sqrt{2}$의 근삿값의 정수 부분이 얼마일 것이라고 생각하나요?

"글쎄요, $1^2<(\sqrt{2})^2<2^2$이니까 $\sqrt{2}=1.\times\times\times$잖아요. 그러면 $3\sqrt{2}$는 $\sqrt{2}$의 3배이니까 $1.\times\times\times$의 3배, 즉 $3.\times\times\times$가 될 것 같네요."

나름대로 논리적으로 풀었지만 아쉽게도 정답은 아니에요. $\sqrt{2}=1.\times\times\times$인 것도, $3\sqrt{2}$는 $\sqrt{2}$의 3배인 것도 맞지만 $1.\times\times\times$의 3배가 꼭 $3.\times\times\times$란 법은 없답니다. 예를 들어 1.1의 3배는 3.3이지만 1.4의 3배는 4.2, 1.7의 3배는 5.1로 $1.\times\times\times$의 3배는 $3.\times\times\times$부터 $5.\times\times\times$까지 다양하지요.

"그럼 답을 알 수 없는 건가요?"

그럴 때 $3\sqrt{2}=\sqrt{3^2\times 2}=\sqrt{18}$인 것을 이용하면 좋겠죠? $\sqrt{18}$ 은 $4^2<\sqrt{18^2}<5^2$이므로 4.×××인 것을 알 수 있잖아요.

"아, 그렇구나."

이제 제곱근이 있는 식의 곱셈 규칙을 간단하게 정리해 보도록 하지요. 근호 밖에 있는 수는 밖의 수끼리, 근호 안에 있는 수는 안의 수끼리 곱합니다. 아래 식에서 3과 5는 근호 밖에 있는 수이고, 2와 6은 근호 안에 있는 수이므로 따로따로 곱해야 하는 것이지요. 그리고 근호 안의 제곱인 인수는 근호 밖으로 나와야 합니다. 그러므로 12의 인수인 2^2은 근호 밖으로 나와 2가 됩니다.

$$3\sqrt{2}\times 5\sqrt{6}=(3\times 5)\sqrt{2\times 6}=15\sqrt{12}$$
$$=15\sqrt{2^2\times 3}=15\times 2\sqrt{3}=30\sqrt{3}$$

"선생님, 72를 소인수분해 하면 $2^3\times 3^2$이 나오거든요, 그러면 $\sqrt{72}=\sqrt{2^3\times 3^2}$인데, 어떻게 정리해야 하죠? 3^2만 정리해서 $3\sqrt{2^3}$이 되나요?"

근호 안의 수는 최대한 작게 해야 하거든요. 그러려면 3^2뿐만 아니라 2^3도 정리를 해야 하는데 제곱 형태가 아니라 세제곱 형태라 좀 곤란한 상황이지요? 그럴 때는 $2^3=2^2\times 2$인 것을 이용해서 2^3의 일부분인 2^2을 근호 밖으로 나오게 하면 됩니다.

즉 $\sqrt{72}=\sqrt{2^3 \times 3^2}=\sqrt{2^2 \times 2 \times 3^2}=2 \times 3\sqrt{2}=6\sqrt{2}$가 되는 거지요. 이와 같이 지수가 홀수일 때는 그 홀수보다 1만큼 작은 짝수를 이용하여 $\sqrt{2^5}=\sqrt{2^4 \times 2}=2^2\sqrt{2}=4\sqrt{2}$와 같은 계산도 할 수 있답니다.

제곱근의 곱셈에서 적용되는 규칙은 제곱근의 나눗셈에서도 비슷해요. 우선 제곱근끼리 나눌 때에는 근호 안의 수끼리 나누어야 합니다. 즉

$\dfrac{\sqrt{b}}{\sqrt{a}}=\sqrt{\dfrac{b}{a}}$, 이때 $\sqrt{\ }$ 안의 수는 $a>0, b>0$이라고 합시다.

예를 들어, $\sqrt{15} \div \sqrt{3}=\dfrac{\sqrt{15}}{\sqrt{3}}=\sqrt{\dfrac{15}{3}}=\sqrt{5}$와 같이 계산할 수 있는 것이지요.

그리고 곱셈에서와 마찬가지로, 나눗셈에서도 근호 밖의 수는 밖의 수끼리, 근호 안의 수는 안의 수끼리 계산하면 된답니다. 예를 들어, $\dfrac{6\sqrt{14}}{3\sqrt{7}}=\dfrac{6}{3}\sqrt{\dfrac{14}{7}}=2\sqrt{2}$처럼 말입니다.

또한 곱셈에서와 마찬가지로 나눗셈에서도 근호 안의 제곱인 인수는 근호 밖으로 나오게 됩니다. 즉 $\sqrt{\dfrac{b}{a^2}}=\dfrac{\sqrt{b}}{a}$, 이때 $a>0, b>0$인 경우입니다.

예를 들어, $\sqrt{\dfrac{7}{16}}=\sqrt{\dfrac{7}{4^2}}=\dfrac{\sqrt{7}}{4}$과 같이 계산할 수 있습니다.

"확실히 제곱근에서도 곱셈과 나눗셈은 비슷한 점이 많네요. 선생님 말씀대로 곱셈에서 성립하는 규칙이 나눗셈에서도 비슷하게 적용되는 것 같아요."

그렇지요. 그런데 지금 이것은 약간 새롭게 느껴질지도 모르겠네요. 바로 '분모의 유리화'라는 것인데요. 분모에 무리수가 있을 때, 분모를 유리수로 고치기 위해서 분모와 분자에 같은 무리수를 곱하는 것을 '분모를 유리화 한다'고 합니다. 즉

$$\frac{b}{\sqrt{a}} = \frac{b}{\sqrt{a}} \times 1 = \frac{b}{\sqrt{a}} \times \frac{\sqrt{a}}{\sqrt{a}} = \frac{b\sqrt{a}}{a}$$

이때도 $\sqrt{}$ 안의 수는 $a>0$입니다.

예를 들어, $\dfrac{\sqrt{5}}{\sqrt{6}} = \dfrac{\sqrt{5}}{\sqrt{6}} \times \dfrac{\sqrt{6}}{\sqrt{6}} = \dfrac{\sqrt{5} \times \sqrt{6}}{\sqrt{6} \times \sqrt{6}} = \dfrac{\sqrt{30}}{6}$ 과 같이 분모가 $\sqrt{6}$인 무리수로 되어 있을 때, 분모 $\sqrt{6}$을 유리수로 고치기 위해 $\dfrac{\sqrt{6}}{\sqrt{6}}$이라는 수를 곱하는 것이지요.

"선생님, 왜 분자, 분모에 똑같이 $\sqrt{6}$을 곱해야 하지요? 분모만 유리화 하려면 분모에만 $\sqrt{6}$을 곱하면 되지 않나요?"

분모의 유리화는 단순히 분모만 유리화하는 것이 아니라 주어진 원래 분수의 값은 변화시키지 않은 채로 분모를 유리화하는 것이기 때문에 그렇답니다. 분자, 분모가 똑같은 $\dfrac{\sqrt{6}}{\sqrt{6}}$은 사실 약분을 하면 1이 되지요? $3 \times 1 = 3$, $\frac{5}{2} \times 1 = \frac{5}{2}$와 같이 1은 어떤 수에 곱하더라도 그 값이 변하지 않는 수입니다. 그래서 '분모의 $\sqrt{6}$을 없애기 위해 일단 분모에 $\sqrt{6}$을 곱하고, 더불어 주어진 분수의 값이 변하지 않도록 분자에도 똑같이 $\sqrt{6}$을 곱해 준다', 즉 분자 분모에 똑같이 $\sqrt{6}$을 곱한다고 보면 되겠지요.

"그럼 무조건 분모에 있는 무리수와 똑같은 무리수를 분자, 분모에 곱해 주면 된다 이거지요? 그럼 $\frac{5}{\sqrt{27}}$에는 $\frac{\sqrt{27}}{\sqrt{27}}$을 곱해 주면 되겠네요."

물론 그렇게 해도 가능하지만, 이왕이면 딱 필요한 만큼만 곱하면 좋겠지요. 위와 같은 경우는 분모의 유리화를 먼저 하기보다 $\sqrt{27} = \sqrt{3^3} = \sqrt{3^2 \times 3} = 3\sqrt{3}$으로 고친 다음에 하면 더 좋을 것 같네요.

"아, 그러면 $\frac{5}{\sqrt{27}} = \frac{5}{3\sqrt{3}} = \frac{5}{3\sqrt{3}} \times \frac{\sqrt{3}}{\sqrt{3}} = \frac{5\sqrt{3}}{3(\sqrt{3} \times \sqrt{3})} = \frac{5\sqrt{3}}{9}$ 이 되겠군요.

어휴, 근데 왜 이렇게까지 분모를 유리화하는 거죠? 어차피 분수의 값도 변화시키지 않는다면서 그냥 무리수가 있는 채로 놔두면 안 되나요?"

분모의 유리화가 조금 어렵나요? 우리가 분수에서 분자와 분모가 공통 약수를 가지고 있다면 약분을 해서 $\dfrac{15}{12} = \dfrac{5 \times 3}{4 \times 3} = \dfrac{5}{4}$ 로 나타내고, 근호 안의 제곱인 인수는 근호 밖으로 꺼내어 $\sqrt{27} = 3\sqrt{3}$으로 표현하듯이 분모의 유리화를 하는 것도 수를 간단히, 보기 좋게 나타내기 위한 일이라고 볼 수 있어요.

"저는 분모에 무리수가 있어도 보기 좋은걸요."

하하하, 하지만 $\dfrac{\sqrt{3}}{\sqrt{2}}$을 보고 $\sqrt{3}$을 $\sqrt{2}$로 나눈 값이 약 얼마쯤 되는지 한눈에 알기는 좀 어렵지 않나요? 반면에, 분모를 유리화 한 $\dfrac{\sqrt{3}}{\sqrt{2}} \times \dfrac{\sqrt{2}}{\sqrt{2}} = \dfrac{\sqrt{6}}{2}$의 값은 $\sqrt{6} = 2.\times\times\times$을 2로 나눈 값이므로 그 크기를 어느 정도 짐작할 수 있지요. 또한, 다음 시간에 다루게 될 내용인 $\dfrac{\sqrt{3}}{\sqrt{2}} + \dfrac{\sqrt{2}}{\sqrt{3}}$와 같은 무리수의 덧셈에서도 분모가 무리수인 상태에서는 덧셈, 뺄셈을 하기가 어렵습니다. 하지만 분모의 유리화를 한 뒤에는 덧셈이나 뺄셈도 할 수 있지요. 물론 무리수의 덧셈, 뺄셈에서는 더 이상 계산을 할 수 없는 경우가 많긴 합니다.

"아, 그렇구나! 그럼 분모의 유리화는 나름의 의미가 있는 것이군요. 그러면 선생님, 다음 시간에는 덧셈 뺄셈에 대해 알아보면 되겠네요."

궁금증이 풀린 모양이니 다행이네요. 지금까지 제곱근의 곱셈과 나눗셈에 적용되는 규칙, 성질 등을 여러 가지 예를 통해 알아보았어요. 이제 다음 시간에는 제곱근의 덧셈, 뺄셈에 적용되는 규칙을 살펴보도록 해요. 모두들 수고했어요.

❶ 무리수의 곱셈

① 무리수를 곱할 때는 근호 안의 수끼리, 또는 근호 밖의 수끼리 각각 곱합니다. $3\sqrt{6} \times 2\sqrt{10} = (3 \times 2)\sqrt{6 \times 10} = 6\sqrt{60}$

② 근호 안의 수를 소인수분해 했을 때 제곱수인 인수는 근호 밖으로 나오도록 정리합니다. $6\sqrt{60} = 6\sqrt{2^2 \times 15} = 6 \times 2\sqrt{15}$
$= 12\sqrt{15}$

❷ 무리수의 나눗셈

① 무리수를 나눌 때에는 근호 안의 수끼리, 또는 근호 밖의 수끼리 각각 나눕니다.
$$6\sqrt{27} \div 4\sqrt{24} = \frac{6\sqrt{27}}{4\sqrt{24}} = \frac{6}{4} \times \sqrt{\frac{27}{24}} = \frac{3}{2} \times \sqrt{\frac{9}{8}}$$

② 근호 안의 수를 소인수분해 했을 때 제곱수인 인수는 근호 밖으로 나오도록 정리합니다.
$$\frac{3}{2} \times \sqrt{\frac{9}{8}} = \frac{3}{2} \times \sqrt{\frac{3^2}{2^3}} = \frac{3}{2} \times \frac{3}{\sqrt{2^2 \times 2}} = \frac{3}{2} \times \frac{3}{2\sqrt{2}} = \frac{9}{4\sqrt{2}}$$

③ 분모에 무리수가 있을 때, 분모를 유리수로 고치기 위해 분모와 분자에 같은 무리수를 곱하여 분모를 유리화합니다.
$$\frac{9}{4\sqrt{2}} = \frac{9}{4\sqrt{2}} \times \frac{\sqrt{2}}{\sqrt{2}} = \frac{9\sqrt{2}}{4\sqrt{2} \times \sqrt{2}} = \frac{9\sqrt{2}}{8}$$

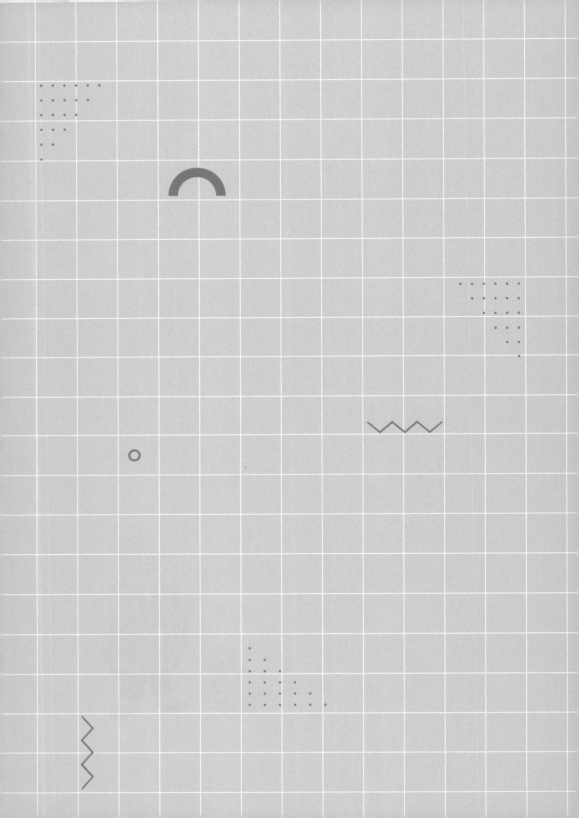

7교시

무리수의 사칙 연산
덧셈과 뺄셈

조선 시대의 유학자 홍길주는
19세기에 쉬운 제곱근 풀이법을 발견했습니다.

1. 무리수의 덧셈 뺄셈 규칙에 맞게 덧셈과 뺄셈을 계산할 수 있습니다.

미리 알면 좋아요

1. 동류항 수계수_{단항식에서 숫자 부분} 이외의 문자 인수_{단항식에서 문자 부분}가 모두 같은 단항식을 말한다.

예) $2a$와 $-4a$, $3xy$와 $5xy$, $4x^2$과 $-x^2$

다항식 $3x^2-4x+5x^2+x$에서 $3x^2$, $5x^2$과 $-4x$, x가 동류항이다. 다항식을 계산할 때에는 우선 동류항끼리 더하거나 빼어서 각각 하나의 단항식으로 정리하는데, 이것을 '동류항을 간단히 한다'라고 한다.

$$ma \pm na = (m \pm n)a$$

예) 동류항 간단히 하기

$$2a - 4a = (2-4)a = -2a$$
$$3xy + 5xy = (3+5)xy = 8xy$$
$$4x^2 - x^2 = (4-1)x^2 = 3x^2$$
$$3x^2 - 4x + 5x^2 + x = (3x^2 + 5x^2) + (-4x + x)$$
$$= (3+5)x^2 + (-4+1)x = 8x^2 - 3x$$

2. 통분 분모가 다른 둘 이상의 분수나 분수식에서 분모를 같게 만드는 것. 보통 각 분모의 최소공배수를 공통분모로 한다.

예) 분모가 다른 $\frac{1}{2}$, $\frac{2}{3}$를 각 분모 2, 3의 최소공배수 6을 공통분모로 통분하면 $\frac{1}{2} = \frac{1 \times 3}{2 \times 3} = \frac{3}{6}$, $\frac{2}{3} = \frac{2 \times 2}{3 \times 2} = \frac{4}{6}$이다.

데데킨트의
일곱 번째 수업

이번 시간에는 제곱근의 덧셈과 뺄셈에 대해서 알아보도록 하겠습니다. 여러분, 2와 3은 서로 더할 수 있나요? 그럼 2와 2는 어때요?

"물론 더할 수 있지요, $2+3=5$, $2+2=4$. 간단하잖아요."

그렇군요. 그럼 $2a$와 $3a$는 더할 수 있나요? $2a$와 $3b$는 어때요?

"$2a$는 a가 2개 있는 것으로 이해하고 거기에 $3a$, 즉 a가 3개 더 있으면 a가 총 5개 있는 거니까요, $5a$, 즉 $2a+3a=5a$가 되지요. 하지만 $2a$와 $3b$는 $2a+3b$에서 더 이상 계산이 안 되잖아요?"

그렇지요. 그런 것을 바로 동류항끼리만 덧셈과 뺄셈이 가능하다고 하는 것이지요. $2a$와 $3a$는 동류항이지만, $2a$와 $3b$는 동류항이 아니니까요. 처음 자연수 2와 3을 더할 때와는 달리 $2a$와 $3b$와 같이 문자 부분이 a와 b로 다르면 더 이상 더할 수 없답니다. 사과 2개에 사과 3개를 더하면 사과 5개가 되지만, 사과 2개에 배 3개를 더하면 여전히 사과 2개에 배 3개일 뿐, 그 이상의 계산을 할 수는 없지요.

"맞아요. 동류항끼리만 계산할 수 있다는 것, 배운 기억이 나요. 그런데 데데킨트 선생님, 그 규칙이 제곱근의 덧셈과 뺄셈에도 적용된다는 말씀이신가요?"

이제 제법 눈치가 빨라졌네요. 맞습니다. 그러면 이제 문제를 내 보겠습니다. $\sqrt{2}+\sqrt{3}$을 더 계산할 수 있을까요?

"글쎄요. $2+3=5$인 것을 생각하면 $\sqrt{2}+\sqrt{3}=\sqrt{5}$라고 말하고 싶지만, 왠지 아닐 것 같아요. 그렇다고 문자가 아닌 숫자이니까 a와 b처럼 서로 다른 항처럼 보이지도 않고, 또 둘 다 숫자니까 더 계산을 해야 될 것도 같고."

맞아요, 쉽게 그런 기분이 들 거예요. 하지만 $\sqrt{2}$와 $\sqrt{3}$ 모두 무리수라는 사실이 결정적으로 작용하기 때문에 $\sqrt{2}+\sqrt{3}$은 더 이상 간단히 계산할 수 없답니다. 사실 처음에 $2+3$에서도 2는 1×2, 즉 1이 2개, 3은 1×3, 즉 1이 3개. 그러므로 '$2+3$은 1이 2개에다 3개, 즉 1이 5개이므로 5이다.'라고 해석할 수 있거든요. 여기에서 a 같은 문자는 없더라도 덧셈의 기본 단위가 1이 되어, '1이 a개 있는데 또 b개를 추가로 더하면 1이 총 $a+b$개 있다.'라고 볼 수 있는 것이지요. 하지만 $\sqrt{2}$와 $\sqrt{3}$은 무리수라서 두 수의 양을 측정하는 데 기준이 되는 1과 같은 공통된 기본 단위가 존재하지 않습니다. 그래서 유리수처럼 쉽게 덧셈과 뺄셈을 하지 못하는 것이지요. 즉 $\sqrt{2}$와 $\sqrt{3}$은 a와 b처럼 기본 단위가 달라서 더 이상 계산이 안 되는 겁니다.

"그러면 제곱근끼리는 덧셈 뺄셈이 불가능하다는 거예요?"

아니요, 그렇지는 않아요. 이제 제곱근끼리도 덧셈, 뺄셈이 가능한 경우를 살펴볼까요?

$\sqrt{2}+\sqrt{2}$와 $4\sqrt{3}+\sqrt{3}$을 구해 봅시다.

"이번에는 가능하다고 했으니까 해석을 해 볼게요. 처음 식은 $\sqrt{2}$가 1개 있는 것에 또 $\sqrt{2}$를 1개 더 더했으니까 $\sqrt{2}$가 총 2개, 즉 $2\sqrt{2}$아닌가요?"

맞습니다. 그럼 두 번째는 $4\sqrt{3}$ 즉 $\sqrt{3}$이 4개 있는데 $\sqrt{3}$을 1개 더 더했으니 $\sqrt{3}$이 총 5개, 즉 $5\sqrt{3}$이 되는 것이지요.

"아, 결국 문자 부분이 같은 동류항끼리 덧셈, 뺄셈을 할 수 있는 것처럼 제곱근끼리는 근호 안의 수가 같으면 덧셈, 뺄셈을 할 수 있는 것이군요."

그렇지요. 그러면 $\sqrt{27}+2\sqrt{3}$은 어떻습니까?

"글쎄요, 근호 안의 수가 27과 3이니까 계산이 안 될 텐데, 왠지 속임수가 있는 것 같기도 하고……. 아, $\sqrt{27}$은 근호 안에 제곱인 인수가 있으니까 $\sqrt{27}=\sqrt{3^3}=\sqrt{3^2\times3}=3\sqrt{3}$으로 일단 변형되는군요. 그러면 $\sqrt{27}+2\sqrt{3}=3\sqrt{3}+2\sqrt{3}=5\sqrt{3}$ 맞지요?"

그렇습니다. 이런 내용을 공식으로 간단하게 정리해 볼까요?

$a>0$일 때

(1) $m\sqrt{a}+n\sqrt{a}=(m+n)\sqrt{a}$

(2) $m\sqrt{a}-n\sqrt{a}=(m-n)\sqrt{a}$

"그런데요, 선생님. 지난 강의에서 제가 분모의 유리화는 왜 필요하냐고 여쭤봤을 때, $\dfrac{\sqrt{3}}{\sqrt{2}}+\dfrac{\sqrt{2}}{\sqrt{3}}$과 같이 분모가 무리수인 분수끼리 덧셈이나 뺄셈을 할 때 분모의 유리화가 필요하다고 말씀하셨잖아요. 이제 그 부분을 좀 더 설명해 주세요."

$\dfrac{\sqrt{3}}{\sqrt{2}}+\dfrac{\sqrt{2}}{\sqrt{3}}$을 보세요. 근호 안의 수가 같은 것끼리는 더할 수 있어요. 그런데 지금 분수에서 분자, 분모에 $\sqrt{2}$와 $\sqrt{3}$이 뒤섞여 있어서 과연 근호 안의 수가 같은지 다른지 확인하기가 쉽지 않지요? 이럴 때 분모의 유리화를 하면 $\dfrac{\sqrt{3}}{\sqrt{2}}+\dfrac{\sqrt{2}}{\sqrt{3}}=\dfrac{\sqrt{3}}{\sqrt{2}}\times\dfrac{\sqrt{2}}{\sqrt{2}}$ $+\dfrac{\sqrt{2}}{\sqrt{3}}\times\dfrac{\sqrt{3}}{\sqrt{3}}=\dfrac{\sqrt{6}}{2}+\dfrac{\sqrt{6}}{3}$이 되지요.

두 항 모두 근호 안의 수가 6으로 덧셈이 가능한 경우입니다. 그럼 통분을 통해 계산해 볼까요?

$\dfrac{\sqrt{6}}{2}+\dfrac{\sqrt{6}}{3}=\dfrac{3\sqrt{6}}{6}+\dfrac{2\sqrt{6}}{6}=\dfrac{5\sqrt{6}}{6}$이 되는군요.

"아, 분모의 유리화를 안 했으면 덧셈을 할 수 있다는 사실을 알아차리지 못하고 그냥 놔둘 뻔 했군요. 그런데요, 데데킨트 선생님. 사실 $\dfrac{\sqrt{3}}{\sqrt{2}}+\dfrac{\sqrt{2}}{\sqrt{3}}$는 처음부터 분모인 $\sqrt{2}$, $\sqrt{3}$을 곱한 수 $\sqrt{6}$으로 통분을 해도 계산이 가능하지 않나요?

$\dfrac{\sqrt{3}}{\sqrt{2}}+\dfrac{\sqrt{2}}{\sqrt{3}}=\dfrac{\sqrt{3}\times\sqrt{3}}{\sqrt{2}\times\sqrt{3}}+\dfrac{\sqrt{2}\times\sqrt{2}}{\sqrt{3}\times\sqrt{2}}=\dfrac{3}{\sqrt{6}}+\dfrac{2}{\sqrt{6}}=\dfrac{5}{\sqrt{6}}$ 이렇게 말이에요."

아주 괜찮은 풀이법이에요. 제곱근의 곱셈과 나눗셈, 덧셈과 뺄셈의 성질을 잘 이용하면 지금처럼 색다른 풀이도 할 수 있답니다. 그런데 마지막으로, 답을 유리화하는 것을 빼먹었지요? $\frac{5}{\sqrt{6}}=\frac{5\times\sqrt{6}}{\sqrt{6}\times\sqrt{6}}=\frac{5\sqrt{6}}{6}$ 이렇게 말이에요.

"선생님 진짜 $\sqrt{2}+\sqrt{3}$는 $\sqrt{5}$가 아닌가요?"

왠지 그렇게 풀어야 할 것 같은 생각이 드나 보네요. 이해는 하지만 그건 확실히 아니라는 것을 보여 줘야겠군요. 제곱근표를 이용하면 $\sqrt{2}=1.414$, $\sqrt{3}=1.732$, $\sqrt{5}=2.236$이라는 값이 나옵니다. 물론 근삿값이지요. 이 값들을 대입하면 $\sqrt{2}+\sqrt{3}=3.146$으로 $\sqrt{5}=2.236$보다 훨씬 큰 값이라는 것을 알 수 있겠지요? 두 값을 제곱해 봐도 알 수 있습니다.

$(\sqrt{2}+\sqrt{3})^2=(\sqrt{2}+\sqrt{3})(\sqrt{2}+\sqrt{3})=\sqrt{2}\times\sqrt{2}+\sqrt{2}\times\sqrt{3}+\sqrt{3}\times\sqrt{2}+\sqrt{3}\times\sqrt{3}=2+\sqrt{6}+\sqrt{6}+3=5+2\sqrt{6}$입니다. 하지만 $\sqrt{5^2}=5$이므로 $\sqrt{5}$보다 $\sqrt{2}+\sqrt{3}$이 더 크다는 것을 확인할 수 있죠. 결국 두 값이 같을 거라는 생각은 $2+3=5$에서 나온 착각이라고 보면 되겠습니다.

"아, 그렇군요. 하지만 이 계산법에 익숙해지려면 시간이 좀 걸릴 것 같아요."

자, 그런 환상을 깨는 좋은 방법으로 다음 문제들을 풀어 보세요.

예제) 다음 식을 간단히 하여라.

(1) $\sqrt{18}+\sqrt{8}$

(2) $\sqrt{6}(\sqrt{3}-\sqrt{2})+2\sqrt{2}$

(3) $\sqrt{2}(\sqrt{12}-\sqrt{20})$

(4) $\dfrac{\sqrt{10}-\sqrt{8}}{\sqrt{5}}$

(5) $\dfrac{\sqrt{3}}{2}-\dfrac{3}{\sqrt{3}}$

(6) $\sqrt{72}\div\sqrt{20}$

다 풀었다면 이제 정답을 맞춰 볼게요. 먼저 각 항을 간단히 하여 덧셈, 뺄셈을 할 수 있는지 확인해 봐야겠지요.

(1) $\sqrt{18}+\sqrt{8}=\sqrt{2\times3^{2}}+\sqrt{2^{3}}=3\sqrt{2}+\sqrt{2^{2}\times2}$

$=3\sqrt{2}+2\sqrt{2}=5\sqrt{2}$

(2) $\sqrt{6}(\sqrt{3}-\sqrt{2})+2\sqrt{2}=\sqrt{6\times3}-\sqrt{6\times2}+2\sqrt{2}$

$=\sqrt{18}-\sqrt{12}+2\sqrt{2}$

$=\sqrt{2\times3^{2}}-\sqrt{2^{2}\times3}+2\sqrt{2}$

$=3\sqrt{2}-2\sqrt{3}+2\sqrt{2}$

$=(3\sqrt{2}+2\sqrt{2})-2\sqrt{3}$

$=(3+2)\sqrt{2}-2\sqrt{3}$

$$= 5\sqrt{2} - 2\sqrt{3}$$

$(3)\ \sqrt{2}(\sqrt{12} - \sqrt{20}) = \sqrt{2 \times 12} - \sqrt{2 \times 20} = \sqrt{24} - \sqrt{40}$

$$= \sqrt{2^2 \times 6} - \sqrt{2^3 \times 5}$$

$$= 2\sqrt{6} - \sqrt{2^2 \times 2 \times 5} = 2\sqrt{6} - 2\sqrt{10}$$

$(4)\ \dfrac{\sqrt{10} - \sqrt{8}}{\sqrt{5}} = \dfrac{\sqrt{10} - \sqrt{2^3}}{\sqrt{5}} \times \dfrac{\sqrt{5}}{\sqrt{5}} = \dfrac{\sqrt{5}(\sqrt{10} - \sqrt{2^3})}{5}$

$$= \dfrac{\sqrt{5 \times 10} - \sqrt{5 \times 2^3}}{5} = \dfrac{\sqrt{50} - \sqrt{2^2 \times 2 \times 5}}{5}$$

$$= \dfrac{\sqrt{2 \times 5^2} - 2\sqrt{10}}{5} = \dfrac{5\sqrt{2} - 2\sqrt{10}}{5}$$

$(5)\ \dfrac{\sqrt{3}}{2} - \dfrac{3}{\sqrt{3}} = \dfrac{\sqrt{3}}{2} - \dfrac{3}{\sqrt{3}} \times \dfrac{\sqrt{3}}{\sqrt{3}} = \dfrac{\sqrt{3}}{2} - \dfrac{3\sqrt{3}}{3}$

$$= \dfrac{\sqrt{3} \times 3}{2 \times 3} - \dfrac{3\sqrt{3} \times 2}{3 \times 2}$$

$$= \dfrac{3\sqrt{3}}{6} - \dfrac{6\sqrt{3}}{6} = \dfrac{3\sqrt{3} - 6\sqrt{3}}{6} = \dfrac{(3-6)\sqrt{3}}{6}$$

$$= \dfrac{-3\sqrt{3}}{6} = \dfrac{-3 \times \sqrt{3}}{3 \times 2} = \dfrac{-\sqrt{3}}{2} = -\dfrac{\sqrt{3}}{2}$$

$(6)\ \sqrt{72} \div \sqrt{20} = \dfrac{\sqrt{6^2 \times 2}}{\sqrt{2^2 \times 5}} = \dfrac{6\sqrt{2}}{2\sqrt{5}} = \dfrac{6\sqrt{2}}{2\sqrt{5}} \times \dfrac{\sqrt{5}}{\sqrt{5}}$

$$= \dfrac{6 \times \sqrt{2 \times 5}}{2 \times 5} = \dfrac{2 \times 3 \times \sqrt{10}}{2 \times 5} = \dfrac{3\sqrt{10}}{5}$$

❶ 무리수의 덧셈, 뺄셈

① 각 무리수의 근호 안의 제곱수인 인수를 근호 밖으로 나오
도록 하거나 분모를 유리화하여 근호 안의 수가 같은지 확
인합니다.

$$3\sqrt{6}-\sqrt{18}+\frac{\sqrt{3}}{\sqrt{2}}+\sqrt{32}$$

$$=3\sqrt{6}-\sqrt{3^2\times2}+\left(\frac{\sqrt{3}}{\sqrt{2}}\times\frac{\sqrt{2}}{\sqrt{2}}\right)+\sqrt{2^4\times2}$$

$$=3\sqrt{6}-3\sqrt{2}+\frac{\sqrt{6}}{2}+4\sqrt{2}$$

② 근호 안의 수가 같은 무리수끼리 묶고 $m\sqrt{a}\pm n\sqrt{a}=$
$(m\pm n)\sqrt{a}$를 이용하여 덧셈 또는 뺄셈을 계산합니다.

$$3\sqrt{6}-3\sqrt{2}+\frac{\sqrt{6}}{2}+4\sqrt{2}$$

$$=\left(3\sqrt{6}+\frac{\sqrt{6}}{2}\right)+(-3\sqrt{2}+4\sqrt{2})$$

$$=\left(3+\frac{1}{2}\right)\sqrt{6}+(-3+4)\sqrt{2}$$

$$=\left(\frac{6}{2}+\frac{1}{2}\right)\sqrt{6}+\sqrt{2}$$

$$=\frac{7}{2}\sqrt{6}+\sqrt{2}$$

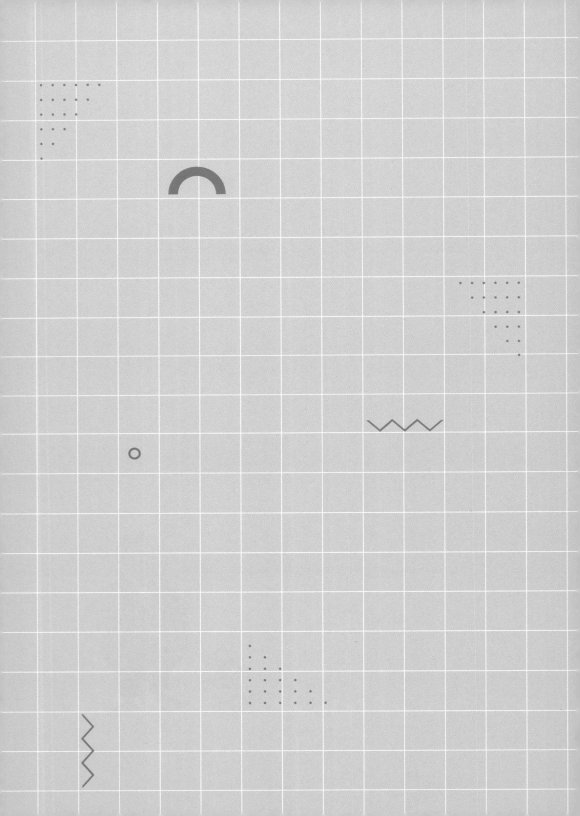

무리수라는
사실의 증명

무리수의 곱셈에서는 근호 안의 수 또는
근호 밖의 수끼리 각각 곱합니다.
나눌 때도 근호 안과 밖의 수끼리 각각 나눕니다.

1. $\sqrt{2}$가 유리수가 아니라는 증명을 알아봅니다.
2. 이 증명을 이용하여 $\sqrt{3}$ 또는 $\sqrt{5}$도 유리수가 아니라는 증명을 알아봅니다.

미리 알면 좋아요

1. 증명 가정 p와 결론 q로 이루어진 어떤 명제 'p이면 q이다.'가 참인 것을 보이는 것. 이미 참이라고 인정되는 몇 가지 명제를 이용하여 유효한 추론을 통해 참임을 보이는 것이다. 여기서 유효한 추론이란 가정이 참이면 결론도 역시 참이 되는 추론 = 이미 알고 있는 것으로부터 결론을 이끌어 내는 과정을 말한다. 증명에는 직접 증명법과 간접 증명법이 있다.

예) ① 직접 증명법의 예

'소크라테스는 죽는다.'의 증명

소크라테스는 인간이다.

모든 인간은 죽는다.

그러므로 소크라테스는 죽는다.

② 간접 증명법의 예

'소크라테스는 죽는다.'의 증명

소크라테스가 죽지 않는다고 가정하자.

그런데 이것은 '소크라테스를 포함한 모든 인간은 죽는다.'는 사실에 모순이므로 소크라테스가 죽지 않는다는 가정은 틀린 것이다.

그러므로 소크라테스는 죽는다.

데데킨트의
여덟 번째 수업

자, 드디어 마지막 강의입니다. 이 책을 정리하는 마지막 주제는 첫 수업에서 우리가 마무리하지 못한 내용인데요. 그것이 무엇일까요?

네, 바로 피타고라스학파 회원들이 부딪힌 어려운 상황, '두 변의 길이가 1인 직각이등변삼각형의 빗변의 길이 x, 즉 제곱해서 2가 되는 수가 과연 얼마인가?'라는 문제에 대한 대답입니다. 우리는 지금까지의 수업을 통해서 제곱해서 2가 되는 수는 유리수에는 없는 무리수이고, 이것을 소수로 표현하면 순환하지 않는 무한소수로 나타난다는 것을 알게 되었습니다. 하지만 만약 이 사실을 모르는 피타고라스학파 회원들이 계속 포기하지 않고 제곱하여 2가 되는 수를 유리수 중에서 찾아보고 있다면, 우리는 어떻게 그들을 설득할 수 있을까요? 사실 끈기와 시간만 넉넉하다면 제곱해서 2가 되는 수의 값을 1.41421356 23730950488016887242097……과 같이 소수점 이하로 계속 찾아낼 수 있을 테니 말이죠. 언젠가는 끝이 나올 거라고 믿고 열심히 계산하는 그들에게 그 수가 끝이 없고, 순환하지도 않는 무한소수라는 사실을 어떻게 알릴 수 있을까요?

세상에 무리수는 없어. 제곱해서 2가 되는 수의 값을 구하고 말겠어.

죽을 때까지 계산해도 절대 구할 수 없어요.

1.41421356237309504880168 87242097…… 헥헥헥……

"제곱해서 2가 되는 수는 유리수가 아닙니다. 그런 수는 소수점 이하로 계속해서 구해 봐도 절대로 끝이 나지 않는다니까요. 헛수고하지 말고 이제 그만 구하세요."라고 수없이 말해도 그들이 믿지 않으면 소용이 없지요. 하지만 피타고라스학파도 중요시한 논리적인 증명을 통해 제곱해서 2가 되는 수는 유리수가 아니라는 것을 보인다면 그들도 순순히 받아들일 겁니다. 자 그럼, 피타고라스학파를 확실하게 설득시킬 수 있는 멋있는 증명을 한번 살펴보도록 하지요.

제곱해서 2가 되는 수를 x라고 놓습니다. 그리고 피타고라스학파의 확고한 신념에 따르면 모든 수는 정수 또는 유리수라고 했으니, 이 x가 얼마인지는 알 수 없지만 유리수이겠지요, 1, 2, 3과 같은 정수에서 제곱해서 2가 되는 수가 없으니까요.

그럼 $x = \dfrac{m}{n}$으로 놓을 수 있습니다. 단, 이때 m, n은 최대공약수가 1로 더 이상 서로 약분되지 않는 서로소인 정수라고 봅시다. 더 이상 약분되지 않는 기약분수라고 보는 거지요. 어떤 유리수라도 약분을 하면 기약분수로 만들 수 있으니까요.

자 그럼 주어진 식의 양변을 제곱해 보지요.

$x^2 = \left(\dfrac{m}{n} \right)^2$, 처음에 $x^2 = 2$라고 한 것 기억나지요?

그럼 식은 $\dfrac{m^2}{n^2} = 2$, 양변에 n^2을 곱하면 $m^2 = 2n^2$이 됩니다. 그러면 m^2은 2의 배수, 즉 짝수가 되겠군요. 그런데 m^2이 짝수 인데 m이 홀수일 수는 없지요? 만약 m이 홀수이면 $m^2 = m \times m$도 '홀수 × 홀수 = 홀수'가 되어야 하니까요. 그래서 m 은 꼭 짝수가 되어야 합니다. m이 짝수, 즉 2의 배수인 것을 수 식으로 표현하면 $m = 2k$ 단 k는 0이 아닌 정수가 됩니다. 이것을 위 식의 $m^2 = 2n^2$의 m 대신 대입하면

$(2k)^2 = 2n^2$,

$4k^2 = 2n^2$,

$2k^2 = n^2$

아까와 비슷한 결과가 되어 버렸네요. 결국 n^2이 2의 배수, 즉 짝수가 되고, n^2이 짝수이므로, 방금 전과 같은 이유로 n도 짝 수, 즉 2의 배수가 되는 것이지요.

자, 이런 결과가 무엇을 뜻할까요? 우리는 증명의 첫 부분에 서 $x = \dfrac{m}{n}$에 대하여 m, n은 최대공약수가 1로 서로 더 이상 약분되지 않는 서로소인 정수라고 하였습니다. 그런데 증명의 뒷부분에서 어떤 결론이 나왔나요? 네, m, n이 둘 다 2의 배수

가 되었습니다. 그럼 m, n은 2로 약분이 되어서 첫 부분과 뒷 부분이 서로 맞지 않아요. 또 m, n을 일단 2로 약분하고 증명을 계속한다고 해도 이런 상황에서는 m, n이 끊임없이 2로 약분되는 이상한 상황이 된답니다. 결국 증명의 앞뒤가 서로 맞지 않아 오류가 발견된 것이지요. 그렇다면 왜 이런 오류가 생기게 된 걸까요? 그렇지요, 이 증명의 맨 처음 가정인, 'x가 유리수이므로 $\dfrac{m}{n}$으로 나타낼 수 있다.'라는 내용이 잘못되었기 때문입니다. 이를 통하여 결국 x는 유리수가 아니라는 결론을 얻어 낼 수 있답니다. 이제 여러분이 피타고라스학파 회원들에게 이와 같이 증명을 해 준다면 그들도 제곱해서 2가 되는 수는 유리수가 아니라는 사실을 깨끗이 받아들이겠지요?

수학에는 여러 가지 다양한 증명 방법이 있는데 그중에 이와 같은 증명 방법을 귀류법이라고 한답니다. A가 참이 아닌 것을 보이기 위한 증명을 할 때, 보이기 위한 사실과는 반대로 A가 참이라 가정을 하고 증명을 진행하여 오류가 발견되면 그 오류가 A가 참이라 가정을 해서 생긴 것임을 밝힙니다. 결국 A가 참이 아닌 것을 보이는 증명의 한 방법입니다. A가 참이 아닌 것을 직접 증명하는 것이 아니라 A가 참이라고 가정하면 오류

가 발생하는 것을 이용해 A가 참이 아닌 것을 증명하므로 간접
증명법으로 볼 수 있지요. 용어와 설명이 어려워 정신이 없을듯
한데요. 다시 위 내용을 정리하면 제곱해서 2가 되는 수는 유리
수가 아닌 것을 보이기 위해서, 반대로 그런 수는 유리수라고
가정을 하고 증명을 진행했더니 말도 안 되는 오류가 발견되었
잖아요. 그 오류는 바로 제곱해서 2가 되는 수를 유리수라고 잘
못 가정했기 때문에 생긴 것이고, 그래서 결국 그런 수는 유리
수가 아니라고 증명을 완성하는 것이지요. 귀류법의 예를 하나
더 들어 볼까요? '2를 제외한 소수는 모두 짝수가 아니다.'를 귀
류법으로 간단하게 증명을 하면 다음과 같이 되겠지요.

   2를 제외한 소수 중 짝수인 소수 p가 있다고 하자.

   p는 짝수이므로 2의 배수가 되고 $p = 2k$단 $p \neq 2$이므로 k는 1이 아
닌 자연수 꼴로 나타낼 수 있다.

   이때 p의 약수는 1, 2, p로 최소한 3개가 되는데 이것은 p가
소수약수가 1과 자기 자신 p인 수, 즉 약수의 개수가 2개이어야 함.라는 사실
에 모순이 되므로 오류가 발생한다.

   이 오류는 2를 제외한 소수 중에 짝수인 소수가 있다고 가정하

여 발생했으므로 결국 2를 제외한 소수는 모두 짝수가 아니다.

이런 증명은 너무 싫고, 차라리 계산 문제를 푸는 게 낫겠다고요? 그래도 증명은 수학의 꽃이랍니다. 여러분 중에 증명을 부담스러워하는 친구들도 차근차근 증명을 따라가다 보면 증명에서 살며시 퍼져 나오는 수학의 향긋한 꽃 내음을 맡을 수 있을 거예요. 증명을 포기하지 말고 다시 한번 피타고라스학파 회원들을 설득시킬 수 있을 만큼 위의 내용을 살펴보세요. 그러면 어느새 여러분은 제곱해서 2가 되는 수뿐 아니라 제곱해서 3이 되는 수, 제곱해서 5가 되는 수도 왜 유리수가 아닌지 증명할 수 있을 것입니다.

드디어 모든 강의가 끝났습니다. 속이 시원하지요? 아무쪼록 이제부터는 여러분 머리에서 실수, 무리수가 더 이상 딱딱한 낱말들이 아닌 조금은 더 알 것 같고, 왠지 모를 친숙한 느낌이 드는 용어들로 남게 되었으면 저는 더 바랄 것이 없겠습니다. 여러분 모두 끝까지 함께하느라 정말 수고했어요. 그럼 안녕!

수업 정리

❶ $\sqrt{2}$가 유리수라고 가정하면 오류가 발생하는 것을 이용하여 $\sqrt{2}$는 유리수가 아닌 무리수임을 증명합니다. 자세한 증명은 본문을 참고합니다.

❷ $\sqrt{3}$과 $\sqrt{5}$가 유리수가 아닌 것을 보이는 증명은 $\sqrt{2}$가 유리수가 아닌 것을 보이는 증명의 구조를 그대로 이용하여 $\sqrt{2}$ 자리에 $\sqrt{3}$ 또는 $\sqrt{5}$를 대입하여 증명하면 됩니다. 다만 증명 과정 중에서 분자, 분모가 둘 다 2의 배수가 아닌 둘 다 3의 배수 또는 둘 다 5의 배수가 되어 오류가 발생하는 것이 차이점입니다.